AF346856

COURS

DE

CHIMIE AGRICOLE

Professé par M. GAUCHERON,

Pharmacien à Orléans, Bachelier ès-sciences et ès-lettres,

PUBLIÉ SOUS LES AUSPICES

du Conseil général du département du Loiret, & par les soins du Comice
agricole de l'arrondissement d'Orléans ;

AVEC LE CONCOURS ET LA COLLABORATION DE

M. A. COTELLE,

Secrétaire-Rédacteur du Comice.

ORLÉANS,

IMPRIMERIE DE PAGNERRE.

1859.

COURS

DE CHIMIE AGRICOLE.

1re SÉANCE.

A l'ouverture de la séance, M. GAUCHERON, professeur du cours, prononce l'allocution suivante :

Messieurs,

Nous reprenons ce soir nos conférences sur la chimie agricole. En ouvrant cette séance, permettez-moi de vous tracer dans un tableau aussi simple que possible les avantages que doit trouver le cultivateur dans l'étude de la chimie.

L'agriculture n'a qu'un but, celui de développer avec profit, sur l'espace le plus petit possible, la plus grande somme de substances nécessaires à l'alimentation des hommes et des animaux.

L'agriculture est tout à la fois un art et une science, dit l'illustre Liebig. Comme art elle se livre à un ensemble de faits pratiques consacrés par l'expérience ; comme science elle contient la connaissance des conditions relatives à la vie des végétaux, l'origine de leurs éléments et les sources de leur alimentation. Cette science n'est autre que la chimie.

Comme art, l'agriculture adresse à la science des questions de ce genre : quel est par exemple le moyen de donner à un sol stérile de la fertilité ?

Comment peut-on augmenter la production d'un sol en culture? Quel mode employer pour rendre un sol propre à toute espèce de culture ?

Or, la science qui peut seule résoudre de pareilles questions, est la chimie.

L'agriculture, comme art, vous a appris que certaines plantes, les céréales, les trèfles, les luzernes ne pouvaient se développer sur certains sols.

L'agriculture, comme science, ou la chimie par l'analyse, vous a démontré que le principe calcaire est inhérent à ces végétaux, et que partout où il manquait, la culture de ces plantes était impossible.

Pour vous donner ici une idée nette du rapport intime qui existe entre l'agriculture et la chimie, jetons un coup d'œil sur les pratiques agricoles les plus simples, et voyez ce que fait un cultivateur : il laboure son champ, il le fume, l'ensemence et récolte. Or, si vous demandez à cet homme pourquoi il laboure son champ, il va vous répondre : J'ameublis mon sol, j'extirpe les mauvaises herbes. En réfléchissant un peu à la réponse de ce cultivateur, il vous est facile de vous convaincre qu'il confond dans un même point deux choses bien distinctes : la cause et l'effet. L'effet c'est l'ameublissement du sol, l'extirpation des mauvaises herbes ; mais la cause, il l'ignore. Là, il reste muet. Interrogeons la science et écoutons sa réponse. Ici le chimiste prend les choses d'un peu plus haut. Il examine la terre avant le labourage, il l'examine à un double point de vue : au point de vue physique, au point de vue chimique.

Au point de vue physique, il ne tarde pas à constater que le sol est formé de débris de roches ou d'agrégation de terrains, de composition différente et dans un état plus ou moins avancé de pulvérisation.

Au point de vue chimique, il en détermine les éléments, la nature, leur état de solubilité et de combinaison.

Il soumet ensuite cette terre à un labourage qui la met en contact avec l'acide carbonique, l'oxigène, l'humidité et la chaleur de l'air pendant un certain temps, puis il reprend son analyse et constate les changements survenus.

Au point de vue physique, le sol a changé de constitution ; la pulvérisation ou désagrégation des roches est plus complète.

Au point de vue chimique, les éléments sont les mêmes ; mais les substances ont changé d'état.

Les alcalis faisant partie de ces roches ont été mis à nu. La silice, insoluble par elle-même, y est devenue soluble en se combinant avec la potasse ou la soude et a formé du silicate de potasse ou de soude, corps soluble, assimilable et indispensable à la constitution des pailles en général et en particulier à celle des céréales. Il en est de même d'autres parties minérales qui deviendront partie constituante du végétal.

Telle est, Messieurs, l'action du labourage. Or, personne ici ne pourra supposer que de pareilles modifications auront lieu par le simple contact du sol avec le fer de la charrue ou la dent de la herse. Non, cette modification dans la nature du sol vient, comme on l'a dit poétiquement, de la dent du temps, ou plutôt des attractions chimiques qui se sont produites suivant les circonstances dans lesquelles les éléments constitutifs du sol se trouvent placés, et ces circonstances ne sont autres que le contact du sol avec l'acide carbonique, l'oxigène, l'humidité et la chaleur de l'air.

Ce résultat, que vous obtenez par le labourage, vous pouvez l'obtenir par la *jachère*, intervalle pendant lequel le sol, abandonné à l'influence de l'atmosphère, s'enrichit de certains principes minéraux que les récoltes précédentes lui ont enlevés et qui seront là tout préparés pour une nouvelle récolte.

Le labourage n'est donc qu'un moyen mécanique de soumettre le sol à ces actions chimiques.

Le but définitif obtenu, c'est la mise à nu de principes minéraux nécessaires au développement d'une nouvelle récolte.

Le cultivateur fume son champ sans se préoccuper de la valeur et de la composition de son fumier ; il le répand sur ses terres parce que l'expérience lui a appris que sans fumure il n'y a pas de récolte possible.

Une récolte obtenue, voilà l'effet du fumier ; mais la cause ? Interrogeons la science et voyons sa réponse.

Le chimiste, pour expliquer l'action du fumier, constate la composition du sol après la fumure et note avec soin son résultat ; il l'examine ensuite après la récolte, il y trouve une différence ; poursuivant ses travaux d'analyse sur la récolte, il retrouve cette différence au point de vue des substances minérales. Comparant alors la composition de son fumier à sa récolte, il la trouve à peu près identique. Pour le chimiste, le fumier n'est autre chose qu'une récolte à l'état mort, et la fumure n'a d'autre but que de restituer au sol les éléments que la récolte lui a enlevés. Pour la science, en effet, l'agriculture n'est que le rétablissement de l'équilibre troublé. Cette identité de composition que la science établit ici entre la fumure et une récolte ne vous indique-t-elle pas clairement l'intérêt immense qui s'attache à la bonne préparation et à la conservation du fumier, substance essentielle à la vie végétale ?

Le cultivateur ensemence son champ. Quelque temps après il va le visiter; vous le voyez alors hochant la tête, triste ou radieux, selon que la germination s'est plus ou moins heureusement effectuée. Il semble alors qu'il comprend tout l'intérêt qui s'attache à la germination de sa semence ; mais il ne cherche point à s'expliquer les causes qui ont pu exercer une influence favorable ou défavorable sur cette première période si importante de la vie du végétal.

Le chimiste, de son côté, a pris la graine, en a déterminé avec soin la structure physique, ensuite la composition chimique, et, recherchant les conditions favorables au développement du germe, il a posé alors comme règle : que la germination d'un végétal n'est possible qu'autant que la graine se trouve dans des conditions favorables d'air, de lumière, de chaleur et d'humidité.

Enfin le cultivateur récolte. Ici, Messieurs, il reçoit la récompense de son pénible labeur, il examine si sa récolte est bonne, le grain bien nourri , la paille bien développée. Le chimiste voit cela à un autre point de vue : il analyse cette récolte avec soin, en détermine d'abord la valeur nutritive en tenant compte du chiffre des matières azotées, qui, comme le gluten, l'albumine, etc., pourront donner naissance à la chair, au sang, et des matières non azotées qui, comme le sucre, l'amidon, la fécule, servent uniquement à entretenir la chaleur et la respiration ; puis ensuite il calcule et note les principes minéraux et organiques qui constituent cette récolte ; mais tout n'est pas fini pour lui : connaissant ainsi la nature et la quantité des substances qui forment chaque récolte, il lui reste à rechercher les moyens les plus simples et les plus économiques de fournir au sol les éléments nécessaires à chaque végétal, afin que l'art de l'agriculture , guidé par ses recherches , puisse arriver sans déception au but qu'elle se propose : à savoir, une récolte maximum.

Ce que je viens de dire doit vous démontrer l'influence que peut avoir sur l'agriculture l'étude de la chimie. Un jour viendra sans doute où les cultivateurs, appréciant mieux la science, recevront des savants des méthodes simples et reconnaîtront la composition de leur sol , la nature exacte des matières minérales enlevées par chaque espèce de récoltes ; ils se trouveront ainsi à même de restituer au sol tout ce que chaque récolte aura enlevé.

Je me résume ici, Messieurs ; l'empirisme seul peut oser attribuer tous les succès obtenus en agriculture aux opérations mécaniques de la pratique. Dans ces conditions , le cultivateur pourra bien reconnaître la valeur de ces procédés ; mais qu'est-ce que tout cela, s'il ne connaît les causes de leur utilité et de leur mode d'action ? Or, rappelez-vous-le bien, pour chaque effet obtenu il y a toujours une cause , et la connaissance de cette cause appartient tout entière à la science. La science seule vous apprendra la connaissance de ces causes, et réglera l'application de vos forces et de vos capitaux.

La pratique agricole, alors, profitant des données de la science, réalisera le but que chacun de vous se propose ici, c'est-à-dire pour une dépense *minimum* obtenir un *maximum* de produit.

Mais, pour arriver à ce résultat, nous avons encore bien des progrès à faire, et nous ne pourrons les réaliser qu'avec le temps et avec l'aide du gouvernement, dont les représentans dans nos contrées comprennent si bien l'importance et l'intérêt des études agricoles.

Travaillons donc, Messieurs, sans nous occuper des obstacles, et ayons foi dans l'avenir.

Plan d'étude.

Nous nous proposons dans ce cours élémentaire l'étude du végétal, ses moyens d'existence, sa composition chimique.

Nous chercherons à acquérir des notions de chimie indispensables à l'intelligence de ces leçons. Nous verrons ensuite l'étude de l'air, de l'eau, et le rôle que chacun de ces corps joue dans la végétation;

L'étude du sol, ses propriétés physiques et chimiques;

Enfin l'étude de tous les corps qui, tour-à-tour désignés comme engrais ou amendements, forment avec le capital le levier le plus puissant de l'agriculture;

Nous les examinerons au point de vue de leur fabrication, de leur composition chimique, de leur valeur agricole et commerciale, comme aussi au point de vue des falsifications nombreuses dont ils sont trop souvent l'objet.

1re LEÇON.

PHYSIOLOGIE VÉGÉTALE.

DU VÉGÉTAL, DE SON DÉVELOPPEMENT, DE SA CONSTITUTION
PHYSIQUE ET CHIMIQUE.

Si nous demandons à un ouvrage de physiologie ce qu'est le
végétal, voici sa réponse : C'est un être organisé, vivant, dépourvu de mouvement et de sensibilité volontaire. *Etre* dépourvu de mouvement et de sensibilité volontaire n'a pas besoin d'explication; tout le monde sait que le végétal se développe
et meurt au lieu qui l'a vu naître : tout le monde sait aussi que
le végétal n'a pas de sensibilité. *Etre organisé* veut dire formé
d'organes particuliers, de forme et de composition différentes
données par la nature, pour sa nutrition, son développement
et probablement aussi pour l'élaboration de certains principes,
tels que le gluten, le sucre, l'amidon, qui servent à nourrir
l'homme et les animaux.

Prenons ici le végétal à sa naissance et suivons-le pas à pas,
en étudiant toutes les phases de sa vie. A sa naissance il constitue la graine; mais alors enveloppé des langes de la nature,
il n'attend qu'un moment favorable pour se développer dans
de bonnes conditions.

Ces conditions sont : 1º la bonne conservation de la graine et
2º son existence récente, c'est-à-dire qu'elle ne soit pas trop
ancienne.

Certaines graines de la famille des légumineuses peuvent bien
conserver, pendant un temps très-long, leur faculté germina-
tive, mais les graines des plantes oléagineuses perdent facilement cette propriété.

Le cultivateur expérimenté recherche toujours, pour ses semailles de blé, des grains de récolte récente, parce que la
pratique lui a appris que, lorsque forcé par les circonstances, il
avait semé du blé provenant de récoltes de plusieurs années, il
était obligé d'augmenter la quantité de ses semailles, pour obtenir une récolte identique. Donc, première condition, graines
bien conservées et de récolte récente. Les autres conditions, la

science nous les fait connaître : c'est la présence de l'air, de l'eau, de la chaleur et de la lumière. Or, si toutes ces conditions sont remplies et que nous confions une graine au sol, elle ne tardera pas à se développer.

Pour bien comprendre les phénomènes qui accompagnent la germination, il nous faut connaître la structure physique de la graine. Prenons une graine, nous voyons qu'elle est formée d'abord :

1° D'une enveloppe extérieure, organe protecteur de la semence qui, dans le fruit d'amandier, constitue la pellicule recouvrant l'amande, et qui, dans le blé, forme le son. On l'a appelé *périsperme* (pourtour de la semence) ;

2° D'un sac membraneux plus ou moins volumineux renfermant de la fécule ou de l'amidon destiné à servir, pendant les premiers actes de la vie, au développement du végétal ; on l'a appelé *endosperme* (intérieur de la semence) ;

3° De l'embryon, être microscopique déjà tout formé, qui se compose :

De la radicule (partie qui donnera naissance à la racine) ;
De la tigelle (ou tige) ;
Du corps cotylédonaire ou foliacé (feuille).

Confions maintenant notre graine à la terre et examinons ce qui va se passer :

L'humidité du sol gonfle la graine, le périsperme se rompt, l'oxigène de l'air transforme l'amidon ou la fécule de l'endosperme en matière sucrée qui sert de nourriture à l'embryon : la radicule s'enfonce dans le sol, la tige s'élève vers la surface de la terre et les premières feuilles se développent. Jusque-là le végétal s'est nourri de la substance même de la graine ; de nouvelles racines vont se développer, de nouvelles feuilles vont apparaître, et avec chaque racine, avec chaque feuille, naissent pour le végétal une nouvelle bouche, un nouvel estomac, à l'aide desquels il peut puiser au sein du sol les éléments organiques et minéraux nécessaires à son développement. Au sein de l'atmosphère, il absorbera les gaz acide, carbonique et ammoniaque, dont les éléments carbone et azote se fixeront et deviendront partie constituante de lui-même. La végétation marche à grands pas jusqu'à la maturité de la graine, but que la nature s'est proposé, pour la reproduction et la multiplication de l'espèce. C'est ainsi que s'accomplit en général cette première période de la vie du végétal.

Examinons-la dans le blé :

Germination du Blé

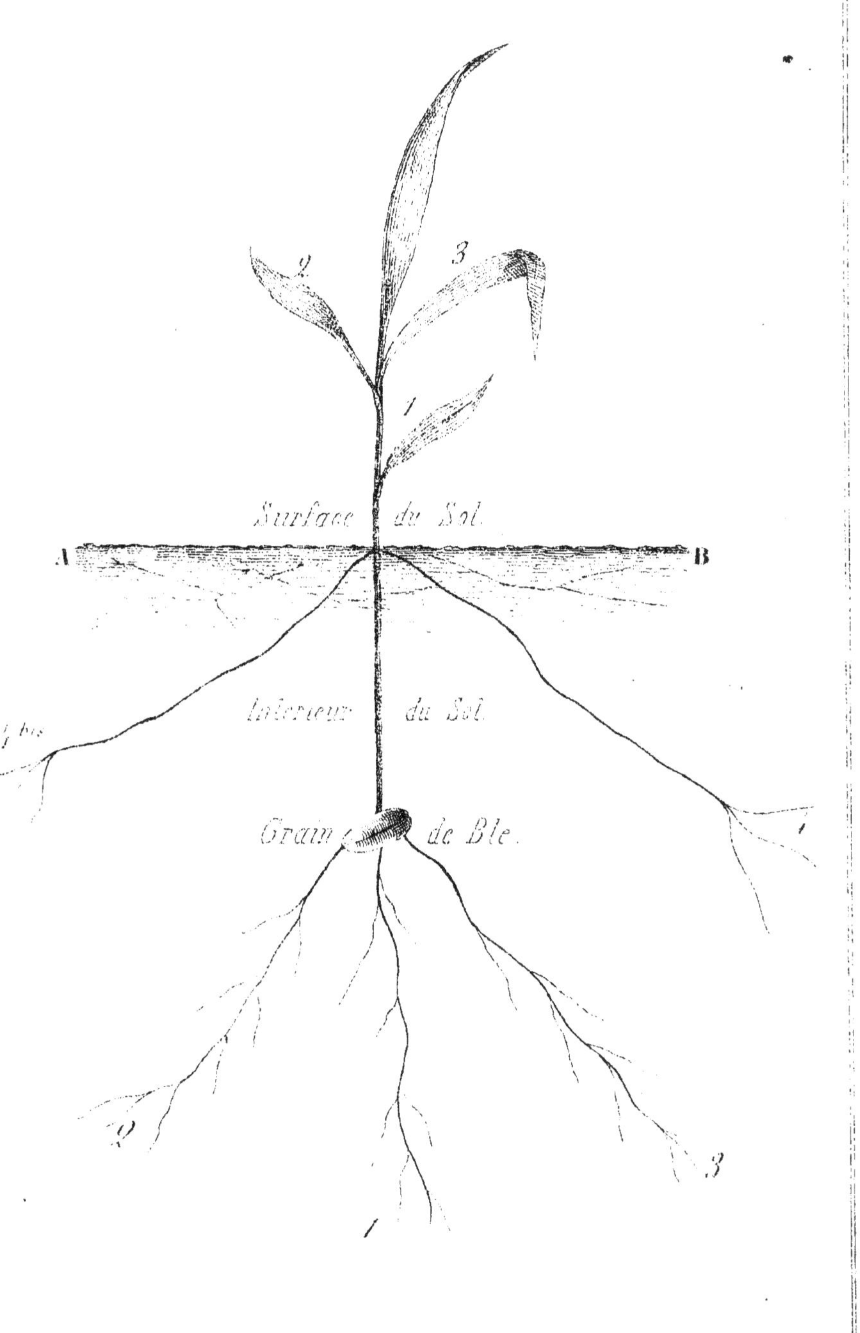

Dès que la germination a eu lieu, la plante lance une plantule vers la surface de la terre, où elle arrive blanche et étiolée. Il se forme alors un nœud d'où s'échappe une feuille (n° 1), en même temps que la radicule s'enfonce dans le sol. La plante s'allonge un peu, il se forme un autre nœud d'où s'épanouit une nouvelle feuille (n° 2), et de la base de la radicule s'échappe une seconde racine, la tige s'allonge encore un peu. Il se forme un troisième nœud d'où s'échappe une troisième feuille (n° 3) en même temps qu'une troisième racine se développe.

La tige s'allonge encore, de nouvelles feuilles apparaissent, et alors des racines nouvelles partent du premier nœud qui s'est formé (n°s 4 et 4 *bis*) ; les premières feuilles jaunissent et tombent. Il en est de même de la première portion de la tige qui s'est développée. Si nous considérons le végétal tout développé, nous le voyons formé de corps bien différens : d'une racine, d'une tige, de feuilles et de fleurs. Ces corps constituent les organes du végétal.

Ces organes semblent remplir des rôles tout différens. Les uns servent à la nutrition, les autres à la reproduction ; de là, la division en organes de nutrition et organes de reproduction.

Les organes de nutrition sont la racine, la tige et les feuilles ; les organes de reproduction sont les fleurs. Examinons ici les fonctions de chacun de ces corps :

La racine est la partie du végétal qui s'enfonce dans le sol, y maintient le végétal et puise dans son sein, au moyen de ses extrémités appelées spongioles, les éléments organiques et minéraux nécessaires à son développement.

La tige, diamétralement opposée à la racine, s'élève vers le ciel, sert à supporter les feuilles, les rameaux et les fleurs. C'est au moyen de la tige que se fait la circulation de la sève qui, s'élevant de la partie inférieure du végétal par les canaux du centre, monte à la partie supérieure, se répand dans les feuilles où elle subit une élaboration qui présente beaucoup de rapport avec l'élaboration du sang dans les poumons des animaux. Ce travail chimique opéré, elle redescend vers la racine en suivant une route opposée, car c'est par les canaux des couches corticales qu'elle revient à la racine.

Les feuilles, organes de respiration, servent tout à la fois à l'élaboration de la sève et à la respiration du végétal. En effet, sous l'influence de la lumière, elles décomposent l'acide carbonique de l'air, absorbent le carbone qu'elles condensent pour leur nutrition et rejettent l'oxigène. Or, pour chaque litre d'acide carbonique absorbé, il est restitué à l'air un litre d'oxigène.

Quelle admirable organisation ! Les hommes et les animaux, les volcans, la combustion du bois et du charbon, la fermentation et un certain nombre d'opérations industrielles dégagent dans l'atmosphère des torrents d'acide cabonique, dont la quantité, augmentant sans cesse, ne tarderait pas à rendre l'air irrespirable et impropre à la vie, si une autre cause ne venait l'en débarrasser. Mais le végétal est là ; être tout à la fois actif et passif, il décompose, sous l'influence de la lumière, cet acide carbonique, absorbe le carbone, rejette l'oxigène et maintient ainsi l'équilibre vital entre ces deux grandes classes d'êtres organisés, le règne animal et le règne végétal.

L'existence de l'homme et des animaux est donc entièrement liée à la production végétale.

La fleur, organe de la reproduction, se compose de l'étamine et du pistil accompagnés des enveloppes florales, le calice et la corolle. A l'époque de la floraison, la fécondation s'opère et l'on voit apparaître de nouveaux phénomènes ; les enveloppes se décolorent et tombent, les feuilles jaunissent, toute la vie du végétal se concentre vers la graine qui se développe et arrive à maturité. A cette époque, elle est recueillie par les hommes ou les animaux pour leur servir de nourriture, ou dispersée par les vents, elle attend les conditions favorables pour un nouveau développement. Telle est la fin du végétal, et c'est ainsi qu'une génération qui finit est une génération qui commence.

La vie du végétal s'accomplit tout entière dans deux milieux différens, l'air et la terre. Au moyen de toutes ses parties, il puise dans chacun de ces deux milieux les éléments nécessaires à sa nutrition et à son développement. Sa vie n'est qu'une suite de métamorphoses. Des matières solides, devenues liquides ou gazeuses, s'y introduisent, lui servent de nourriture, facilitent son développement, s'y condensent et en deviennent partie constituante. A la fin de la vie du végétal, une série inverse de phénomènes se présente. Tous les éléments qui ont servi à sa nutrition vont désormais concourir à sa destruction. Les matières gazeuses retournent à l'atmosphère, la matière minérale revient au sol d'où elle a été extraite, et toutes resteront dans ces milieux jusqu'à ce qu'une nouvelle force vienne leur donner la vie. L'air et la terre sont donc les deux grands magasins de la vie du végétal. Mais si l'air ne s'épuise pas, il n'en est pas de même du sol qui s'épuise après chaque récolte et qui deviendrait bientôt infertile, si l'intelligence du cultivateur ne venait lui rendre, sous forme d'engrais, toutes les substances qui lui ont été enlevées.

Connaissant maintenant le développement du végétal, il nous faut rechercher quels sont les éléments qui le constituent. Or, pour arriver à ce résultat, il nous faut avoir recours à une opération chimique connue sous le nom d'analyse. Si donc nous prenons un végétal tout entier et qu'après l'avoir desséché nous le mettons dans un creuset chauffé à rouge et au contact de l'air, il va se dédoubler ; une partie va se répandre sous forme de gaz et de vapeur d'eau et retourner à l'atmosphère ; celle-là, c'est la partie organique.

Une autre partie va rester au fond du creuset et va constituer les cendres ou la partie minérale de la plante. La partie organique est formée de carbone, d'hydrogène, d'oxigène et d'azote dans des proportions qui varient peu pour la plante entière, mais qui peuvent varier suivant telle ou telle partie du végétal. Ces proportions sont à peu près moitié de son poids de carbone, deux cinquièmes d'oxigène, un vingtième d'hydrogène et de 1 à 2 0/0 d'azote, ou en chiffres exacts pour la plante entière :

Carbone	46	40	Les 5,30 de cendres représentant la
Hydrogène	5	60	partie minérale enlevée au sol se com-
Oxigène	41	10	posent de sels de potasse, soude ou
Azote	1	60	chaux, unis aux acides sulfurique,
Cendres	5	30	phosphorique, carbonique, silicique
	100	00	(ou sable).

Dans une de nos leçons suivantes nous prouverons que telle est la composition des plantes, et nous aurons à rechercher sous quelle forme tous ces éléments constituants lui ont été apportés.

Au point de vue de la science, on a divisé les plantes en un certain nombre de familles. Les plantes d'une même famille présentent en général beaucoup d'analogie entre elles.

Au point de vue de l'agriculture, on a divisé les plantes en deux catégories, les plantes améliorantes et les plantes épuisantes. Cette division est purement relative, car toute espèce de culture est toujours épuisante, puisqu'elle enlève au sol toujours une certaine quantité de principes organiques et minéraux.

Les plantes vivent donc au détriment du sol et de l'atmosphère. Or, certaines plantes empruntent plus à l'atmosphère qu'au sol, ce sont les plantes dites *améliorantes*. Elles sont caractérisées par des racines assez volumineuses, un feuillage touffu et bien développé, tels sont les luzernes, les trèfles, les sainfoins. D'autres plantes, au contraire, empruntent plus au sol qu'à l'atmosphère ; ce sont celles dites épuisantes : elles sont caractérisées par des racines frêles et des feuilles peu nombreuses et peu développées. Telles sont les céréales en général et le blé en particulier.

Jetons un coup d'œil sur la culture du blé et du trèfle :

Tant que le froment est en croissance, il emprunte à l'air par ses feuilles et à la terre par ses racines les éléments nécessaires à son développement ; mais dès que le grain se forme, ce n'est qu'à la terre qu'il demande sa nourriture substantielle. L'analyse constate en effet qu'on trouve dans le grain de blé plus d'acide phosphorique et d'azote qu'on n'en trouve dans tous ses autres organes. Pour la formation de ses grains, il épuise donc le sol de ses principes les plus importants. Joignez à cela que les minces racines qu'il laisse après la moisson ne sont qu'une faible compensation pour un tel appauvrissement.

Le trèfle, de son côté, pendant son développement, emprunte tout à la fois à l'air et au sol ; mais comme ses feuilles ont une grande surface, elles empruntent plus à l'air qu'au sol : les racines, par cela même, se développent davantage. Arrivé à la floraison, on le fauche. Il n'y a donc pas pour cette plante de période où elle se nourrit exclusivement des principes du sol. Après la récolte, le trèfle, par les débris qu'il laisse à la surface du sol et par ses racines nombreuses, abandonne à la terre une certaine quantité de matières qui serviront à la nutrition d'une nouvelle récolte. Ceci nous explique pourquoi le trèfle améliore le sol au lieu de l'épuiser.

C'est sur cette classification qu'est fondée la théorie des assolements. Assoler une terre, c'est faire succéder sur cette terre une suite variée de récoltes capables d'y maintenir un équilibre de fertilité. Tel est en effet le but que se propose le cultivateur lorsque, dans une période déterminée d'années, d'après la nature de son sol, il fait succéder sur son champ un certain nombre de récoltes pouvant lui donner un maximum de produit sans toucher à l'équilibre fertile de son sol. Rappelons-nous aussi que cultiver c'est produire. Une culture bien dirigée dans ces conditions a donc un double but : la conservation d'abord, puis ensuite l'amélioration.

Nous venons de suivre le végétal dans son développement ; nous connaissons maintenant sa constitution physique, les facultés de ses organes, sa composition chimique. Dans la prochaine séance, nous aborderons l'étude élémentaire de la chimie.

2e LEÇON.

—

NOTIONS ÉLÉMENTAIRES DE CHIMIE.

—

L'origine de la chimie se perd dans la nuit des temps ; tour-à-tour appelée *alchimie*, science noire, et enfin chimie, elle fut longtemps confondue avec la physique, dont elle est sœur naturelle. Ces deux sciences, en effet, se prêtent tour-à-tour un mutuel appui, mais elles se distinguent l'une de l'autre en ce que la physique mesure les corps et que la chimie les pèse. Voilà la différence fondamentale.

La chimie est une science qui a pour objet l'étude des phénomènes, que tous les corps manifestent au contact les uns des autres, ou, si vous aimez mieux, c'est la science qui a pour but la décomposition des corps et l'étude des moyens de leur reconstitution.

Pour arriver à décomposer les corps, la chimie emploie une opération particulière appelée *analyse*. A l'aide de cette opération, on est parvenu à décomposer tous les corps de la nature, à l'exception d'un petit nombre qui ont reçu par cela même le nom de *corps simples*.

L'opération par laquelle la chimie cherche à reconstituer un corps s'appelle, par opposition, *synthèse*. A l'aide de cette opération, la science a déjà pu recomposer un certain nombre de corps ; mais elle est loin encore d'avoir pu les reconstituer tous.

Un exemple va faire comprendre de suite ce qu'est la chimie. Prenons un morceau de craie calcaire, nommée scientifiquement carbonate de chaux. Nous allons le décomposer : il nous suffira pour cela de le mettre en contact avec un autre corps, l'acide hydrochlorique (esprit de sel des droguistes); il se dégage un gaz, qui est l'acide carbonique, et il se forme un nouveau composé : l'hydrochlorate de chaux. Cette opération pourrait s'appeler une analyse.

Si maintenant nous voulons reconstituer le carbonate de chaux par la synthèse, nous prendrons notre gaz qui s'est dégagé, nous le remettrons en contact avec de l'eau de chaux, ou bien encore nous verserons dans notre hydrochlorate de chaux une dissolution de carbonate de soude (cristaux de soude du commerce), qui reproduira du carbonate de chaux.

En soumettant à l'analyse tous les corps de la nature, les chimistes n'ont pas tardé à découvrir qu'on pouvait les diviser en deux grandes classes : *Corps simples et corps composés.*

DES CORPS SIMPLES ET DES CORPS COMPOSÉS.

Les corps simples sont ceux que la chimie n'a pu encore décomposer, qui sont formés d'une seule et même substance, comme l'oxigène, le fer, le plomb, etc. Le nombre de ces corps aujourd'hui connus est de 62.

Les corps composés sont ceux qui sont formés de deux ou plusieurs substances, comme le gluten, l'eau, la craie, la fécule, l'amidon ; en un mot, tous les corps de la nature qui sont formés par les corps simples, unis dans certaines proportions variables.

Lorsqu'un corps composé est formé de deux éléments seulement, on l'appelle *corps binaire.* Exemple : l'eau formée d'oxigène et d'hydrogène.

Lorsqu'un corps est formé par la réunion de trois éléments, on l'appelle *corps ternaire.* Exemple : le sucre, l'amidon formé d'oxigène, d'hydrogène et de carbone.

Enfin un corps est dit *quaternaire*, lorsqu'il est formé de quatre éléments. Exemple : l'albumine ou blanc d'œuf, ou encore la partie organique des végétaux composée d'oxigène, carbone, azote, hydrogène, auxquels on peut ajouter le soufre et le phosphore selon les circonstances.

Les formes sous lesquelles les corps simples ou composés se présentent à nos yeux se rapportent à trois types distincts : *solide, liquide* ou *gazeux.* L'eau que nous connaissons tous affecte ces trois types : solide à l'état de glace, liquide à l'état d'eau, gazeuse à l'état de vapeur.

D'autres corps n'affectent que deux formes : ainsi les métaux qui sont solides et deviennent liquides par la fusion.

Enfin, d'autres corps n'affectent que la forme gazeuse comme l'oxigène, l'azote ou l'hydrogène. Certaines causes physiques, telles que la pression et la température, peuvent modifier l'état des corps.

Tous les corps simples ou composés sont formés de parties indivisibles par tous les moyens mécaniques, que l'on a appelées *molécules* (petites masses).

La force qui unit les molécules d'un corps simple ou composé s'appelle *cohésion.* Dans un morceau de fer toutes les molécules qui les constituent sont maintenues par la cohésion. Telles sont aussi les molécules de plâtre qui forment un morceau de pierre à plâtre.

La force qui unit ensemble des molécules de natures différentes s'appelle affinité ou attraction de combinaison. Ainsi, dans un morceau de plâtre, la force qui unit toutes les molécules de plâtre entre elles est la cohésion ; mais le plâtre en chimie est formé d'acide sulfurique et de chaux, et la force qui unit la molécule d'acide sulfurique à la molécule de chaux, c'est l'*affinité* ou attraction de combinaison.

Les corps, sous l'influence de cette force, c'est-à dire en se combinant, perdent en général leurs propriétés ; ainsi, l'acide sulfurique est un corps acide, liquide, vénéneux ; la chaux a une saveur âcre et caustique ; et, en se combinant, ils forment du plâtre qui n'offre pas les inconvénients des deux corps isolés.

Toutes les fois qu'un ou plusieurs corps se combinent, il y a toujours dégagement de calorique, d'électricité et quelquefois de lumière. Ainsi, toutes les combinaisons qui s'effectuent au sein du sol ont lieu en vertu de cette force, et, rappelons-nous-le, il y a toujours dégagement de calorique et d'électricité.

C'est sur la connaissance de l'affinité chimique que repose tout entière la connaissance de la chimie.

Enonçons d'abord la loi.

Prenons un corps appelé A et mettons-le en contact avec un autre corps appelé B. Si ces deux corps ont de l'affinité, il en résultera un nouveau corps appelé AB. Si, maintenant, nous faisons intervenir un troisième corps C, que va-t-il se passer ? ou C n'a pas d'affinité pour A ni pour B, alors le composé AB restera intact ; mais si C a plus d'affinité pour A que B, il se formera le composé AC et B sera éliminé, ou bien C aura plus d'affinité pour B, il en résultera le corps B-C, et A sera éliminé.

Un exemple vous fera mieux comprendre. Supposons que A soit de l'acide sulfurique, B de la potasse. Le composé AB sera formé d'acide sulfurique et de potasse, on l'appelle sulfate de potasse. Faisons intervenir un troisième corps, soit de la baryte. Le sulfate de potasse est décomposé, il se fait un précipité blanc de sulfate de baryte, et la potasse est mise à nu.

Si au lieu de baryte, nous prenons du chlorure de platine, ici l'acide sulfurique devient libre et le précipité jaune qui se forme entraîne le potassium.

Si enfin, dans du sulfate de potasse on verse de l'acide hydrochlorique, le composé sulfate de potasse n'est pas anéanti, parce que l'acide hydrochlorique n'est pas de nature à détruire l'affinité qui existe entre la potasse et l'acide sulfurique.

Nous verrons plus tard que l'un des produits constants de la décomposition des fumiers et des engrais qui contiennent des matières organiques, est du carbonate d'ammoniaque. L'ammoniaque qui fait la base de ce sel est un corps très-azoté et des plus importants au point de vue agricole. Il est donc du plus haut intérêt de le conserver. Or c'est en se fondant sur l'affinité chimique que la science nous a indiqué l'emploi du plâtre et de la couperose, corps qui ont la propriété de fixer l'ammoniaque et éviter ainsi sa déperdition. Il est donc indispensable de connaître les lois de l'affinité.

NOMENCLATURE CHIMIQUE.

Si la chimie est restée pendant si longtemps une science occulte et inconnue, cela tient sans doute à ce que les hommes qui s'en occupaient, n'ayant des lois de la nature que des connaissances très-imparfaites, entassaient faits sur faits, produisaient de nouveaux composés, sans en rechercher la cause. Mais cela a tenu aussi à ce que tous les corps qu'ils trouvaient, tous les composés qu'ils formaient, recevaient de leur part des noms qui ne rappelaient ni leurs propriétés ni leur composition ni leur origine. De là, difficulté, même entre eux, de se comprendre. Ainsi, le sulfate de soude était appelé *sel de Glauber ;* le sulfate de potasse *arcanum duplicatum.* Cet état de choses dura jusqu'à *Guyton de Morveau,* qui le premier posa les fondements d'une nomenclature chimique, laquelle, plus tard, fut continuée par Lavoisier, Fourcroy et Berthollet.

Nous avons vu que le nombre des corps simples est actuellement de 62. On leur a, depuis la nomenclature, donné des noms qui rappellent quelques-unes de leurs propriétés. Ainsi hydrogène veut dire qui engendre l'eau ; phosphore, porte lumière, etc.

On a ensuite divisé ces 62 corps simples en métalloïdes et métaux. Il y a 15 métalloïdes et 47 métaux.

Les métalloïdes sont des corps dépourvus de l'éclat métallique, mauvais conducteurs de l'électricité et du calorique, jouissant de la propriété, en se combinant avec l'oxigène, de donner naissance à des acides qui s'unissent aux oxides ou aux bases pour former des sels.

Les métaux, au contraire, ont l'éclat métallique, sont bons conducteurs de la chaleur et de l'électricité et se combinent avec l'oxigène pour donner naissance à des corps appelés oxides ou bases, qui en s'unissant aux acides forment aussi des sels.

Les principaux corps composés sont les acides, les hydracides, les oxides, les sels et les corps binaires dont l'oxigène n'est pas un des éléments.

L'oxigène, en se combinant avec les corps simples non métalliques, donne naissance à des corps qui ont une saveur aigrelette, rougissant le papier de tournesol. On les désigne par le nom générique d'*acides* que l'on fait suivre du nom du corps, terminé en *ique*, exemple : oxigène et carbone, *acide carbonique*; oxigène et soufre, *acide sulfurique*. Si l'oxigène peut donner naissance à plusieurs acides, le moins oxigéné prend la terminaison *eux*. Exemple : acides du soufre : *acide sulfureux*, acide sulfurique. — L'acide sulfureux est le moins oxigéné des deux acides.

L'hydrogène, en se combinant avec certains corps simples, peut donner naissance aussi à des corps acides que l'on a appelés *hydracides*, par opposition aux acides formés par les corps simples et l'oxigène, que l'on a appelés *oxacides*. Ces acides sont désignés par le nom du corps simple qui se combine à l'hydrogène et que l'on termine par la terminaison *hydrique*. Le chlore et l'hydrogène forment l'acide *chlorhydrique* ou hydrochlorique.

L'oxigène, en se combinant avec les métaux, donne naissance à des corps qui, lorsqu'ils sont solubles, ont une saveur alcaline et que l'on désigne sous le nom générique d'*oxides* ou bases que l'on fait suivre du nom du métal qui sert à les former. Ainsi l'oxigène et le potassium forment l'oxide de potassium ; le plomb, le cuivre, *l'oxide de plomb*, *l'oxide de cuivre*, etc.

Lorsque l'oxigène, en se combinant avec les métaux, peut donner naissance à plusieurs oxides, le premier ou celui qui contient le moins d'oxigène s'appelle *protoxide*, le second *deutoxide*, le troisième *tritoxide*, et enfin l'oxide qui contient le plus d'oxigène *peroxide*. — Exemple : protoxide de plomb, deutoxide de plomb, protoxide de fer, *peroxide de fer* pour désigner celui des oxides de fer qui contient le plus d'oxigène.

Les acides et les oxides, en se combinant ensemble, donnent naissance à un nouvel ordre de corps désignés sous le nom générique de sels. Pour former la nomenclature de ces corps, on désigne l'acide, puis l'oxide, en donnant à l'acide la terminaison *ate* si l'acide est en ique, la terminaison *ite* si l'acide est en eux : sulfate d'oxide de potassium, sulfite d'oxide de potassium, pour désigner la combinaison de l'acide sulfurique avec l'oxide de potassium et la combinaison de l'acide sulfureux avec l'oxide de potassium.

Dans un sel, il arrive quelquefois que, pour une même quantité d'oxide, la quantité devient double ou triple, alors le premier s'appelle protosulfate, bisulfate, trisulfate d'oxide de potassium. Cela veut dire que pour une même quantité d'oxide, la quantité d'acide est devenue double, triple, etc.

De même, pour une même quantité d'acide, la quantité d'oxide ou base devient double, triple, alors on dit protosulfate, sulfate bibasique, sulfate tribasique, etc.

COMPOSÉS BINAIRES.

Lorsque deux corps simples non métalliques, autres que l'oxigène et l'hydrogène, entrent en combinaison, celui que l'on nomme le premier prend la terminaison *ure*. Ainsi l'on dit sulfure de carbone ou carbure de soufre, pour indiquer la combinaison du soufre et du carbone.

Si, au contraire, un métalloïde autre que l'oxigène et l'hydrogène se combine avec un métal, on donne au métalloïde la terminaison *ure* et l'on fait suivre le nom du métal : ainsi sulfure de plomb, chlorure de fer, qui indiquent la combinaison du métalloïde soufre avec le métal plomb, et la combinaison du métalloïde chlore avec le métal fer. Si deux métaux se combinent ensemble, le composé qui en résulte prend le nom générique d'*alliage* ; ainsi, en cas de combinaison de l'argent et de l'or, on dit alliage d'or et d'argent, et, lorsque le mercure entre en combinaison, on donne au composé le nom d'*amalgame* ; ainsi amalgame d'or signifie combinaison de l'or et du mercure.

Telles sont les règles les plus importantes qui président à la désignation des composés chimiques. Ces règles simples sont de la plus haute importance. Sans leur connaissance il nous serait impossible de désigner d'une manière intelligible tous les corps que peuvent former entre eux les 62 corps simples de la nature.

Remarquez ici que nous avons réduit les éléments de chimie à la plus simple expression.

C'est en effet l'énonciation de tout ce que l'on peut dire et écrire en chimie de moins scientifique. Néanmoins, la connaissance de ces règles invariables et exactes permettra l'intelligence de tout ce qui nous reste à enseigner dans la suite de nos leçons.

3ᵉ LEÇON.

LOIS DES PROPORTIONS MULTIPLES.

Avant de nous occuper des équivalents chimiques, il nous faut établir ici une loi des plus importantes pour l'intelligence de la chimie. Elle porte le nom de Loi des proportions multiples et fut établie par Dalton, chimiste anglais. Voici l'énoncé de cette loi :

Toutes les fois que deux corps se combinent en plusieurs proportions, si l'un d'eux est considéré sous le même poids dans les divers composés, les quantités pondérales de l'autre corps sont entre elles en rapport simple, ou des multiples par les nombres entiers 1, 2, 3, 4, 5.

Des exemples vont mieux vous faire comprendre et vous graveront dans la mémoire cette loi qu'il est de la plus haute importance de connaître.

L'oxigène et l'hydrogène se combinent ensemble en deux proportions : la première de ces combinaisons est l'eau qui est formée de 1 gramme d'hydrogène et 8 grammes d'oxigène. En suivant les lois de la nomenclature chimique, l'eau est du protoxide d'hydrogène.

Mais l'oxigène et l'hydrogène peuvent encore se combiner en une autre proportion pour former un nouveau corps que l'on appelle bi-oxide d'hydrogène et qui est formé de 1 d'hydrogène et de 16 oxigène. La quantité de l'hydrogène étant toujours égale à 1, la quantité d'oxigène qui, dans le premier cas, était égale à 8, est devenue 16, ou le nombre 8 multiplié par 2. Et c'est en vain que l'on chercherait à faire combiner 1 d'hydrogène avec 10, 12, 15 d'oxigène. Ce sera toujours 1 d'hydrogène et 8 d'oxigène, ou 1 d'hydrogène et 16 d'oxigène, 24, 32 et autres multiples de 8.

Prenons un autre exemple plus tranché encore que celui-ci : L'oxigène et l'azote se combinent ensemble en cinq proportions qui sont : le protoxide d'azote, le bioxide d'azote, l'acide nitreux, l'acide hyponitrique et l'acide nitrique. Or, si nous examinons les quantités relatives de ces deux corps qui entrent en combinaison, nous verrons :

Le protoxide d'azote...... $Az^{14} O^8$
Le bioxide............. $Az^{14} O^{16}$
L'acide nitreux......... $Az^{14} O^{24}$
L'acide hyponitrique...... $Az^{14} O^{32}$
L'acide nitrique......... $Az^{14} O^{40}$

Donc l'énoncé de la loi est bien juste, l'azote étant toujours égale à 14, les quantités d'oxigène sont des multiples du premier nombre 8 par les nombres entiers 1, 2, 3, 4, 5.

ÉQUIVALENTS CHIMIQUES.

On donne le nom d'équivalents chimiques aux quantités pondérales suivant lesquelles les corps se combinent, ou, en d'autres termes, l'équivalent chimique d'un corps est la quantité de ce corps qui, en se combinant avec 100 d'oxigène, forme son premier degré d'oxidation ou de combinaison.

Ainsi, 100 grammes d'oxigène, 12,50 d'hydrogène se combinent ensemble pour former 112,50 d'eau. Le chiffre 100 représente l'équivalent de l'oxigène, et 12,50 l'équivalent de l'hydrogène.

De même 100 d'oxigène et 75 de carbone se combinent pour former 175 d'oxide de carbone. Ici encore 75 de carbone représente l'équivalent du carbone.

De même 100 d'oxigène et 350 de fer se combinent pour former 450 de protoxide de fer. Le chiffre 350 pour le fer constitue son équivalent chimique.

Les chiffres 12,50 pour l'hydrogène, 75 pour le carbone, 350 pour le fer, représentent donc les poids de ces corps qui peuvent se combiner avec 100 d'oxigène et sont ce que l'on appelle les équivalents chimiques. Un autre point important à constater, c'est que ces quantités peuvent se remplacer dans les différentes combinaisons que tous les corps peuvent former ensemble. Ainsi, 100 d'oxigène et 12,50 d'hydrogène forment de l'eau. En remplaçant 100 d'oxigène par 75 de carbone, vous formez avec 12,50 d'hydrogène 87,50 d'hydrogène proto-carboné, et de même de tous les autres.

‘Les chimistes ont dressé des tables d'équivalents qui ont d'abord été établies par rapport à l'oxigène, mais, depuis, on les a établies par rapport à l'hydrogène pour simplifier les calculs.

En effet, il vous est facile de voir que le chiffre 100 d'oxigène est exactement divisible par 12,50 ; or, en prenant l'hydrogène égal à 1, l'oxigène est égal à 8, le carbone à 6, le fer à 28, etc.

NOTATION CHIMIQUE.

Le moyen simple et facile à l'aide duquel les chimistes représentent les corps simples et composés, les diverses réactions qui ont lieu lorsque ces corps sont en présence l'un de l'autre, constituent ce que l'on appelle la notation chimique.

C'est à Berzélius que la science est redevable de cette idée. C'est lui qui le premier, en effet, imagina d'indiquer par des lettres ou symboles les corps simples, en les représentant par la lettre initiale de leur nom.

Ainsi, l'oxigène se représente par O, l'hydrogène par H, l'azote par Az, le fer par Fe.

Lorsque l'on veut représenter la combinaison de deux corps simples, on met leurs initiales l'une à côté de l'autre. L'eau formée d'oxigène et hydrogène se représente par H O, l'oxide de fer par Fe O.

Si dans un composé quelconque, l'un des éléments y entre pour plusieurs équivalents, on le note par un chiffre placé à la droite et en haut du corps simple comme un exposant algébrique. Acide sulfurique (huile de vitriol) SO^3. Un chiffre placé à gauche multiplie tous les équivalents placés jusqu'au signe +.

Ainsi, le phosphate de chaux qui est un phosphate tribasique, s'écrit $3CaO, PhO^5$., ce qui veut dire 3 équivalents de chaux pour un d'acide phosphorique.

Lorsqu'il s'agit d'écrire la formule d'un sel, c'est-à-dire d'un corps formé d'un acide et d'une base, on écrit d'abord la base qu'on sépare de l'acide par une *virgule*. Exemple : sulfate de chaux (plâtre) s'écrit CaO, SO^3.

Lorsque l'on veut maintenant établir une réaction, on réunit tous les éléments de la réaction en séparant chaque composé par le signe +, on établit ensuite une équation. Ainsi, pour expliquer la réaction qui s'opère entre le carbonate d'ammoniaque et le sulfate de chaux, ou plâtre, on écrit :

$$Az H^3, CaO^2 + CaO, SO^3 = Az H^3 SO^3 + CaO CO^2.$$

C'est à l'aide de ce système ingénieux que les chimistes représentent tous les corps simples, tous leurs composés, ainsi que toutes les réactions que ces corps exercent les uns sur les autres.

Voici des corps simples avec leurs formules, leurs équivalents; ce sont ceux qu'il nous intéresse le plus de connaître.

Corps simples non métalliques. Equivalents par rapport à l'hydrogène.			**Métaux :**		
Oxigène.........	O. =	8	Potassium...........	39	Ka
Hydrogène......	H. =	1	Sodium............	23	Na
Carbone........	C. =	6	Aluminium.........	14	Al
Azote..........	Az. =	14	Calcium...........	20	Ca
Soufre.........	S. =	16	Fer..............	28	Fe
Phosphore......	Ph. =	32	Magnesium.........	12	Mg
Silicium........	Si. =	21	Manganèse.........	28	Mn
Chlore.........	Cl. =	35			

COMBINAISONS DES CORPS COMPOSÉS LES PLUS IMPORTANTS.

Pour former l'équivalent d'un corps composé, il suffit d'ajouter les équivalents des corps élémentaires qui constituent le corps composé.

Eau	$HO.$ =	9
Acide carbonique.	CO^2 =	22
Acide sulfurique (huile de vitriol). .	$SO^3, HO.$ =	49
Acide nitrique (eau forte).	$Az O^5, HO.$ =	63
Acide hydrochlorique (esprit de sel).	$Cl H.$ =	36
Ammoniaque (alcali).	$Az H^3$ =	17
Carbonate de chaux (craie).	CaO, CO^2 =	50
Sulfate de chaux (plâtre).	$CaO, SO^3, 2HO.$ =	84
Phosphate de chaux.	$3CaO, PhO^5.$ =	156

Quels sont les avantages pratiques que nous pourrons retirer de ces symboles et de leurs chiffres?

Je suppose que vous ayez marné un hectare de terre avec 50 mètres cubes de marne. Le poids moyen du mètre cube de marne étant mille kilos, c'est 50 mille kilos de marne répandus. Votre marne avait la composition suivante :

Eau.	12 o/o
Argile.	28 o/o
Carb. de chaux.	60 o/o

Or, 50 mille kilos de marne à 60 o/o représentent 30 mille k. de carbonate de chaux. Vous n'avez plus de marne à votre disposition et vous voudriez la remplacer par de la chaux. Quelle quantité de chaux faut-il mettre pour remplacer ces 30 mille k. de carbonate de chaux?

Vous écrivez la formule du carbonate de chaux :

CaO, CO^2, qui égale 50 formés de 28 de chaux et de 22 d'acide carbonique.

Le carbonate de chaux est donc formé, sur 100, de 56 de chaux et de 44 d'acide carbonique, et sur mille kilos de 560 kil. de chaux et 440 d'acide carbonique.

Il vous faudra donc mettre sur votre hectare de terre autant de fois 560 kilos de chaux que vous avez de fois mille kilos de carbonate de chaux ; or, vous avez 30 mille k. de carbonate de chaux, ce sera donc 560×30, soit 16,800 kilos de chaux, pour introduire autant de calcaire que vos 50 mètres cubes de marne en contiennent.

Je vous donne ici ce résultat comme exemple ; car la chaux agit avec beaucoup plus d'énergie que la marne. Son effet est, il est vrai, de moins longue durée. Cependant, en général, les quantités doivent être moindres.

Prenons un autre exemple :

Vous avez un hectare de terre dont l'équilibre fertile est établi; vous venez de faire une récolte de betteraves qui vous a enlevé, d'après M. Boussingault, 12 kil. d'acide phosphorique. Or, il vous faut, de toute nécessité, rendre au sol ces 12 kilos d'acide phosphorique. Le moyen que l'on emploie pour rendre l'acide phosphorique au sol est le phosphate de chaux : quelle est la quantité de phosphate de chaux que doit contenir l'engrais que vous mettrez pour restituer l'acide prosphorique prélevé?

Vous inscrivez la formule du phosphate de chaux :

$3CaO, Ph H O^5.$

$$3 \text{ équivalens de chaux} \ldots \quad 84$$
$$1 \text{ d'acide phosphorique.} \quad 72$$
$$\overline{156}$$

Vous établissez la proportion suivante :

$$72 : 156 :: 12 : x = \frac{156 \times 12}{72} = 26 \text{ kil. de phos. de chaux.}$$

Si vous voulez remplacer l'acide phosphorique de la récolte, il faut donc mettre un engrais quelconque qui contienne 26 kil. de phosphate de chaux.

Exemple.

Nous verrons plus tard que l'un des produits de la décomposition des fumiers est de l'ammoniaque, produit très-intéressant au point de vue de la végétation. Il est donc du plus haut intérêt de le conserver. Or la science nous apprend que l'on peut arriver à ce résultat en saupoudrant les fumiers de plâtre cru. Recherchons donc par un même moyen quelle quantité il nous faut de plâtre par 1,000 kilos de fumier.

Nous verrons que 1,000 kilos de fumier donnent 4 kilos d'azote. Au moyen de la formule $Az H^5$, qui est celle de l'ammoniaque, on trouve $Az^{14} H^5 = 17$

$$14 : 17 :: 4 : x, \text{ d'où } x = \frac{17 \times 4}{14} = 4,800$$

Posant la formule du sulfate d'ammoniaque :

$Az H^5, S O^5 H O,$ d'où :

$$17 : 49 :: 4,800 : x.$$
$$\text{D'où } x = \frac{4,800 \times 49}{17} = 13,800 \text{ acide sulfurique.}$$

Posant la formule du plâtre cru :

$CaO\ S O^5, 2H O,$ d'où nous disons :

$$49 : 86 :: 13,800 : x ; \text{ d'où } x = \frac{13,800 \times 86}{49} = 24 \text{ k. } 220$$

Soit 25 kilos plâtre cru pour 1,000 kilos de fumier.

4ᵉ LEÇON.

—

L'AIR ET L'EAU.

Dans une de nos précédentes leçons, nous disions que le développement du végétal se faisait tout entier dans deux milieux différents, l'atmosphère et la terre. Déjà nous savons de quoi se compose l'atmosphère, c'est principalement d'air et de vapeur d'eau.

Nous allons rechercher aujourd'hui le rôle que ces deux corps remplissent dans la végétation.

L'air appelé encore atmosphère est la couche invisible qui s'élève au-dessus de nos têtes, à une hanteur de 50 à 60 kilomètres, soit 12 à 15 lieues. Habitués à vivre au milieu de l'air, nous ne le connaissons guère que par les sensations qu'il nous fait éprouver. Ainsi, l'on dit l'air est chaud, l'air est froid, l'air est sec, l'air est humide. L'air est donc un fluide incolore, insipide, inodore, indispensable à la vie des hommes et des animaux ; car un animal placé dans le vide ne tarde pas à périr ; indispensable à la végétation, car une plante placée dans le vide se fane d'abord et périt bientôt ; indispensable à la combustion, car une bougie allumée s'éteint immédiatement dans le vide.

Une des propriétés physiques de l'air est d'être pesant. Un litre d'air pèse un gramme 30 centigrammes, un hectolitre d'air 130 grammes, un mètre cube 1300 grammes. Puisque l'air est pesant, il doit exercer sur nous une certaine pression ; en effet, on a calculé que, pour un homme adulte et de moyenne taille, elle s'élève au chiffre de 15,000 kilog. Une pression aussi forte devrait nous écraser, mais elle se trouve équilibrée par les fluides de l'économie corporelle.

C'est en vertu de cette force, que l'on a nommée pression atmosphérique ou barométrique, que l'eau à la propriété de s'élever dans un corps de pompe, à la hauteur de 32 pieds et que, dans le tube barométrique le mercure ne s'élève qu'à 28 pouces (0,76 centimètres), parce que le mercure s'élève treize fois moins haut, par cela même qu'il est treize fois plus lourd.

COMPOSITION DE L'AIR.

L'air a été longtemps considéré comme un corps simple, et sa composition, longtemps soupçonnée, n'a été mise hors de doute que par l'expérience mémorable de Lavoisier , qui prouva que l'air était formé de deux gaz, l'oxigène et l'azote, unis par simple mélange et non par combinaison.

On prouve qu'il en est ainsi, en plaçant sous une cloche de verre un morceau de phosphore. Ce dernier absorbe l'oxigène de l'air pour former une combinaison d'oxigène et de phosphore. Ce nouveau corps étant acide, on l'a appelé *acide phosphorique*. Il reste sous la cloche un autre gaz qui ne peut entretenir ni la respiration, ni la combustion et qu'on a appelé *azote*, Un mot sur ces deux corps.

L'oxigène est gazeux, incolore, inodore et insipide, un peu plus lourd que l'air, très-répandu dans la nature, jouissant de la propriété de ranimer les corps en combustion et pouvant se combiner avec presque tous les corps de la nature. C'est à sa présence que l'air doit la propriété d'entretenir la vie des hommes et des animaux, la végétation et la combustion. Oxigène veut dire qui engendre acide.

L'azote (qui veut dire je prive de la vie), nom impropre aujourd'hui, est aussi un gaz incolore, inodore, insipide, impropre quand il est seul à la vie des hommes et des animaux, impropre aussi à la végétation et à la combustion, n'ayant en quelque sorte que des propriétés négatives et, très-difficile, au point de vue chimique, à 'faire entrer en combinaison avec les autres corps. Cependant l'azote fait partie constituante de tous les corps qui ont de la vitalité. Au point de vue de la nutrition des hommes et des animaux, il joue un rôle important, car les substances les plus riches en azote sont aussi les plus nutritives. Celles-là seulement sont assimilables, c'est-à-dire que seules elles peuvent donner naissance à de la chair et à du sang. Si on nourrit un animal quelconque, un cheval par exemple, avec de la fécule, substance qui ne contient pas d'azote, sa vie se maintient à peine, c'est une inanition lente ; le cheval n'a pas de force et peut à peine se soutenir. D'autre part, pour ce qui est de la vie végétale, l'expérience a prouvé que 100 grammes de blé récolté sur un terrain fumé avec de l'urine de vache, peu riche en azote, ne donnent que 11 % de gluten, tandis que fumés avec de l'urine humaine, qui est la plus riche en azote, les 100 grammes de blé fournissent 35 % de gluten. L'azote est donc, pour l'organisme animal ou végétal, un des corps les plus importants.

L'air est donc, comme nous l'avons dit, un mélange d'oxigène et d'azote dans les proportions suivantes :

En volume : 79 litres d'azote, 21 litres d'oxigène, égalent 100 litres d'air ;

En poids : 77 grammes d'azote, 23 grammes d'oxigène. forment 100 grammes d'air.

L'air contient encore de l'acide carbonique en quantité variable, des traces d'acide nitrique, des traces d'ammoniaque et des substances solides, soit à l'état de poussière, soit à l'état de dissolution dans la vapeur d'eau qu'il contient toujours. L'acide carbonique est gazeux, incolore, inodore, rougissant la teinture de tournesol ; il est formé d'oxigène et de carbone dans la proportion de 73 d'oxigène et 27 de carbone sur 100 parties. C'est un des produits constants de la respiration et de la combustion et d'une foule de réactions diverses telles que la fermentation. Ce corps est impropre à entretenir la vie et la combustion. Pour prouver qu'il existe dans l'air il suffit d'exposer au contact de l'air un verre contenant de l'eau de chaux. Il se forme à sa surface une croûte de carbonate de chaux. Pour prouver qu'il est un des produits de la respiration, il suffit de souffler avec un tube dans de l'eau de chaux ; elle ne tarde pas à se troubler.

Puisque ce corps est un des produits constants de la respiration, la quantité minime contenue dans l'air ne doit pas tarder à augmenter, et, par cela même, rendre l'air irrespirable. C'est en effet ce qui explique le malaise que l'on éprouve lorsque se trouvent un certain nombre de personnes réunies dans une chambre où l'aération n'est pas suffisante. L'expérience a constaté que lorsque l'air contient 5 litres d'acide carbonique pour mille litres d'air, la respiration devient difficile; et lorsque la proportion s'élève à un litre sur 100 ou un centième, cela n'est plus supportable.

Aussi, pour les théâtres, pour les salles où se réunissent un grand nombre d'individus, on a eu soin d'établir une ventilation calculée d'après le volume d'air nécessaire à chaque individu. Le calcul a établi que pour que l'air n'arrive pas à contenir plus d'un 1/2 pour 100 d'acide carbonique, limite au-delà de laquelle on éprouve un malaise sensible, il faut que la ventilation fournisse à chaque individu 6 mètres cubes et demi d'air par heure.

Dans les écuries, dans les étables, où les animaux séjournent dans un espace assez limité, l'air intérieur ne doit pas tarder à contenir une quantité d'acide carbonique qui pourrait leur être nuisible. Pour remédier à cet inconvénient, on a proposé de placer à la partie supérieure une ouverture en forme de cheminée que l'on appelle cheminée d'aération, qui a pour but de renouveler l'air et en même temps de débarrasser les étables des gaz ammoniacaux provenant de la décomposition des déjections et du fumier. Tous les moyens employés jusqu'à ce jour pour priver d'acide carbonique un espace limité ne pourraient en débarrasser l'atmosphère si une autre ressource constante n'existait, et cette cause, c'est la végétation. Les végétaux décomposent donc l'acide carbonique de l'air en fixant le carbone et en rejetant l'oxigène que nous respirons.

C'est dans un but aussi sublime que sage que la vie des plantes et des animaux se trouve intimement liée par des moyens d'une simplicité admirable. On peut se figurer une végétation riche et abondante se développant sans le concours de la vie animale, mais l'existence de l'homme et des animaux n'est pas aussi indépendante et tient essentiellement à la vie des plantes.

Non-seulement les plantes nous servent de nutrition, mais elles servent encore à purifier l'atmosphère des corps qui nous seraient nuisibles. En un mot, les hommes et les animaux expirent du carbone, les végétaux l'aspirent et le fixent, et, par ce moyen, l'air ne change pas de composition. Une question assez intéressante est celle de savoir si la quantité faible contenue dans l'air est bien suffisante pour pourvoir à toute la végétation. Ce calcul, fait par M. Liebig, établit que l'atmosphère seule, sans compter l'acide carbonique des mers, peut fournir 1,500 billions de kilogrammes de carbone, quantité plus que suffisante pour alimenter les forêts et toutes les récoltes possibles. Des expériences, au contraire, portent à croire que si la quantité d'acide carbonique de l'air augmentait, la végétation deviendrait plus luxuriante. M. de Saussure a prouvé que dans une atmosphère contenant huit centièmes d'acide carbonique les végétaux se développaient bien.

ACTION DE L'AIR SUR LA VÉGÉTATION.

L'air est indispensable à la vie végétale. Il agit par son oxigène qui est facilement absorbé par les terres. Sa présence a pour but d'effectuer certaines combinaisons qui rendent les matières minérales et organiques du sol assimilables. L'oxigène absorbé par les terres ne tarde pas à changer de nature. Mis en contact avec les matières organiques contenues dans le sol, il se transforme en acide carbonique qui pourra servir de nutrition aux récoltes, et cela est si vrai que l'air confiné dans les sols contient 20 pour 100 d'acide carbonique. Les curures de fossés, les boues des mares d'eau ou des étangs n'ont de vertu agricole qu'après une exposition au contact de l'air qui les divise mécaniquement et rend ensuite les éléments qui les constituent plus assimilables. Certaines marnes retirées des profondeurs du sol et exposées à l'air acquièrent une coloration bleuâtre due à une oxigénation de parties ferrugineuses qu'elles contiennent. Par son acide carbonique, l'air fournit aux plantes du carbone, un des éléments les plus nécessaires à la végétation.

Enfin, tous les végétaux contiennent de l'azote ; ceux qui en contiennent le plus sont les plus sains et les plus vigoureux. Quel que soit l'état sous lequel l'azote est apporté aux plantes, il est hors de doute qu'il leur est indispensable.

DE L'EAU (Protoxide d'hydrogène).

L'eau, que nous connaissons tous a été considérée longtemps comme un corps simple, et était appelée par les anciens *le grand dissolvant de la nature*. Elle existe sous trois états, solide (glace), liquide (eau), gazeux (vapeur d'eau). Son maximum de densité est 1,000 pris à 4° (degrés) du thermomètre centigrade au-dessus de zéro. Au-dessous de 4°, elle diminue de densité, et à l'état de glace sa densité n'est que de 918 à 920 millièmes, et c'est à cette propriété que la glace doit de surnager sur l'eau ; c'est aussi à cette propriété qu'est due l'action délétère que la glace exerce sur la végétation. Quand le tissu végétal est imbibé d'eau, cette eau, venant à se congeler, augmente de volume, brise les utricules du végétal, et la plante périt. A l'état gazeux elle constitue la vapeur d'eau. L'eau se vaporise à toutes les températures ; mais elle entre en ébullition à 100 degrés. Sous la pression barométrique 0,76, elle se réduit en vapeur et occupe 1,700 fois son volume. Elle acquiert par cela même une force expansive considérable qu'on a si heureusement utilisée comme force motrice.

Lorsque l'air est saturé de vapeur d'eau, cette eau revient à la surface du sol sous forme de pluie, dont l'effet est le plus ordinairement si bienfaisant pour l'agriculture.

A l'état liquide, elle constitue l'eau des fleuves, des rivières, des puits, etc.; mais quelle que soit sa provenance, elle contient toujours en dissolution certaines matières salines ou des sels. Il n'y a que l'eau distillée qui soit chimiquement pure. Les eaux qui contiennent en dissolution des sels ammoniacaux ou alcalins exercent une action bienfaisante sur la végétation. Les eaux, au contraire, qui contiennent des sels calcaires en abondance peuvent devenir nuisibles. L'eau en s'évaporant laisse à la surface des feuilles des végétaux les sels calcaires qui obstruent les pores des feuilles et nuisent à l'acte si important de la respiration des plantes.

D'après la quantité de matières salines tenues en dissolution dans les eaux, on les a divisées en eaux douces et eaux crues ou

mauvaises à boire ; celles-là sont difficiles à digérer; on les re-
connaît, parce qu'elles ne peuvent cuire les légumes et dissoudre le savon.

Les eaux douces ou bonnes à boire se digèrent facilement,
cuisent bien les légumes, dissolvent le savon. Evaporées au 10e
de leur volume, elles ne doivent pas avoir d'odeur de vase ;
évaporées à siccité, elles ne doivent pas noircir par la chaleur,
preuve qu'elles ne contiennent pas de matières organiques en
décomposition.

Une des conditions qui rend l'eau salubre et facile à digérer,
c'est son aération. En effet, l'air est soluble dans l'eau, et
comme l'air n'est qu'un mélange d'oxigène et d'azote, il en résulte que l'eau maintenue en dissolution est plus riche en
oxigène que l'air contenu dans l'atmosphère. L'air maintenu
en dissolution dans l'eau contient 32 °/₀ d'oxigène au lieu de
21. Cette considération fait que de tout temps on a toujours
considéré comme eaux très-bonnes à boire les eaux des rivières
lorsqu'elles ont un cours assez rapide, qu'elles déposent sur un
lit de sable et qu'elles ne contiennent pas trop de matières organiques en décomposition.

COMPOSITION DE L'EAU.

Lorsqu'au moyen de la pile on soumet l'eau distillée à l'analyse chimique, on trouve que cette eau est formée de deux gaz
oxigène et hydrogène : 1 volume d'oxigène et 2 volumes d'hydrogène ; en poids, 8 oxigène et 1 hydrogène constituent 9 grammes d'eau. L'eau, en se vaporisant, revient plus tard à la surface du sol sous forme de pluie. On a cru pendant longtemps
que l'eau de pluie était de l'eau pure ; cela tenait à ce que les
analyses avaient été faites sur des quantités minimes. Mais en
opérant sur des quantités plus considérables, on a retrouvé une
certaine quantité de substances très-intéressantes au point de
vue agricole. Or la quantité d'eau versée annuellement par les
pluies sur la surface d'un hectare de terre s'élève à plusieurs
millions de kilos, et cette quantité, si elle n'était point absorbée, formerait à la surface de cet hectare de terre une couche
de 0,60 centimètres.

Les calculs des chimistes ont démontré que cette quantité de
pluie amenait sur un hectare de terre :

Acide nitrique	63	600
Ammoniaque	15	300
Chlore	13	»
Chaux	31	200
Magnésie	9	»

Plus, des sels de potasse et de soude.

Pour expliquer l'existence de ces corps dans l'eau de pluie, on admet que l'acide nitrique et l'ammoniaque sont les produits de réactions chimiques sous l'influence de l'électricité; pour les substances fixes, elles sont entraînées mécaniquement comme les sels de soude dans les bulles de savon qui font l'amusement des enfants.

Toutes ces substances doivent jouer un rôle important dans la culture des végétaux, car en calculant quelle est la quantité d'azote apportée par les 63 d'acide nitrique et 15 kilos d'ammoniaque, cette quantité, peut s'élever à 29 kilos, dont une portion plus ou moins considérable doit profiter à la végétation.

ACTION DE L'EAU SUR LA VÉGÉTATION.

L'eau est indispensable à la culture des végétaux ; dès qu'une plante en est privée, elle ne tarde pas à jaunir et à périr. L'eau ramenée à la surface du sol sous forme de pluie, a la propriété de dissoudre certains sels, tels que ceux de potasse, qui jouent un grand rôle dans l'alimentation des végétaux; elle y apporte en outre de l'acide carbonique, de l'acide nitrique et de l'ammoniaque, corps qui peuvent favoriser la dissolution des phosphates si nécessaires à la formation des graines et fournir en même temps de l'azote.

D'après ce que nous venons de dire, il est facile de comprendre que l'air, l'eau, l'acide carbonique et l'ammoniaque mis en action sous l'influence de l'électricité, de la lumière et de la chaleur, forment l'alimentation naturelle des plantes. Sous l'influence de ces corps un végétal peut se développer, grandir et fructifier ; tel est le but que la nature semble s'être proposé pour la reproduction de l'espèce. Ces quatre éléments suffisent-ils à l'agriculture ? Non, sans doute. L'agriculture ne se propose pas seulement la reproduction, mais bien d'augmenter la production d'abord et d'obtenir ensuite des graines nombreuses et nutritives. Or, pour arriver à ce but, il faut à l'agriculture autre chose que de l'air, de l'eau, de l'acide carbonique et de l'ammoniaque. Il lui faut des sels de potasse pour les betteraves, des phosphates pour les blés, du calcaire pour les prairies; tous ces corps forment donc l'alimentation spéciale des plantes. La plupart des sols en sont pourvus ; mais lorsqu'ils manquent au sol, c'est à l'intelligence du cultivateur à les apporter sous forme d'engrais naturels ou artificiels et d'amendements.

5ᵉ LEÇON.

—

COMPOSITION DES VÉGÉTAUX ET DE LEURS CENDRES.

Dans notre dernière séance, nous avons vu quelle est la part importante que l'air et l'eau prennent à la végétation. Nous savons maintenant qu'une plante est formée d'une matière entièrement destructible par la chaleur ; c'est la matière organique représentée par de l'air, de l'eau, de l'acide carbonique et de l'ammoniaque , ou les éléments oxigène, hydrogène , carbone et azote. Il est facile de s'assurer, par des expériences simples, que telle est la composition de la partie organique du végétal.

Si nous chauffons une plante dans un vase clos , elle donne, comme produit de sa décomposition, de l'eau ; or, nous savons que l'eau est formée d'oxigène et d'hydrogène, donc la partie organique du végétal contient ces deux éléments. Le produit noir que nous trouverons au fond du vase clos n'est autre que du charbon ou carbone ; c'est, du reste , par un moyen semblable qu'on prépare en grand dans les forêts le charbon. Cette opération, qui vous est connue, prend le nom de *carbonisation en meules*.

On prouve qu'un végétal contient de l'azote en le chauffant avec de la potasse caustique. Sous l'influence de ce corps , les éléments qui constituent le végétal se désorganisent, et il se forme de l'ammoniaque reconnaissable à son odeur vive et piquante , et à la propriété qu'il a de ramener au bleu le papier de tournesol rougi par un acide. Retrouvant toujours dans les végétaux cette composition uniforme et élémentaire , les chimistes se sont demandé sous quelle forme ces corps élémentaires leur étaient apportés.

Sans entrer ici dans les détails des expériences que les savans ont faites pour arriver à la connaissance de ces phénomènes, je vais seulement vous donner leur résultat.

Le carbone contenu dans les plantes leur est fourni tant par l'acide carbonique de l'air que par l'acide carbonique du sol provenant de la décomposition de l'humus ou des engrais.

L'hydrogène leur est apporté par l'eau qui se décompose dans le tissu du végétal et s'y fixe.

L'oxigène vient aussi par l'eau décomposée, en même temps qu'une certaine portion de l'oxigène de l'air est encore absorbée.

D'où vient l'azote? Ce corps, qui paraît si nécessaire à l'alimentation du végétal, a pendant long-temps été considéré dans les végétaux comme purement accidentel. M. Payen l'a trouvé d'abord dans les jeunes pousses des plantes ; plus tard on le retrouva dans les graines ; enfin des analyses répétées avec soin en constatèrent la présence dans toutes les parties du végétal. Nul doute que, pour les cultures où l'on emploie les engrais, une proportion de l'azote vient des fumures, qui en contiennent toujours une certaine quantité; mais en général le poids de l'azote d'une récolte est toujours plus considérable que celui contenu dans les engrais. D'autre part, les prairies, les forêts qu'on ne fume pas, doivent emprunter à une autre source l'azote qu'elles contiennent, et cette source n'est autre que l'air. L'air fournit donc aux plantes l'azote à l'état d'ammoniaque ou à l'état d'azote pur; ainsi l'air est pour la végétation la source où elle peut puiser sans cesse une partie de l'azote qu'elle contient.

Indépendamment de la partie organique, nous savons qu'un végétal laisse après l'incinération une certaine quantité de matières minérales, c'est-à-dire les cendres.

Avec les quatre élémens : oxigène, hydrogène, carbone et azote, une plante pourra vivre et se reproduire ; mais elle ne saurait acquérir son maximum de développement si elle ne rencontre dans le sol certaines substances minérales.

Ces substances minérales, qui constituent les *cendres*, forment l'alimentation spéciale du végétal. Elles semblent avoir pour but d'exciter les fonctions du végétal en élevant son développement au maximum. Un exemple va mieux vous faire comprendre ma pensée.

Le phosphate de chaux forme la base de la charpente osseuse des animaux. Vous pouvez supposer un être vivant dont le squelette sera dépourvu de phosphate de chaux ; sa vie alors ne sera qu'une vie de langueur; il n'aura d'être animé que le nom et ne saurait acquérir de forces. De même un végétal auquel il manque des substances minérales ne saurait être qu'une plante grêle, chétive, et ne pourra acquérir le développement que l'agriculture recherche avec raison.

Examinons donc quelle est la partie minérale contenue dans les végétaux.

On la divise d'abord en trois parties : l'une soluble dans l'eau, l'autre insoluble dans l'eau, mais soluble dans les acides, la troisième insoluble dans l'eau et les acides, mais soluble dans les alcalis.

La partie soluble dans l'eau se compose de :

> Potasse,
> Carbonate de potasse,
> Carbonate de soude,
> Chlorure de potassium,
> Chlorure de sodium,
> Sulfate de potasse,
> Sulfate de soude,
> Phosphate de potasse,
> Silicate de potasse,
> Sulfate de chaux.

La partie insoluble dans l'eau, mais soluble dans les acides, se compose de :

> Carbonate de chaux,
> Carbonate de magnésie,
> Oxide de fer,
> Oxide de manganèse,
> Phosphate de chaux,
> Phosphate de magnésie,
> Phosphate de fer,

Enfin la

> Silice insoluble dans l'eau et dans les acides, mais soluble dans les alcalis.

En jetant un coup d'œil sur ces substances, il vous est facile de voir que ce sont des alcalis tels que la potasse et la soude, des substances terreuses telles que la chaux et la magnésie unies aux acides carbonique, sulfurique, chlorydrique, phosphorique et silicique.

Les alcalis semblent jouer dans la végétation un rôle des plus importants, et parmi les acides, l'acide phosphorique uni à la chaux et à la magnésie paraît indispensable à la formation des graines en général et en particulier des céréales. Sans alcalis et sans phosphates, les végétaux ne sauraient produire d'albumine et de gluten, c'est-à-dire de substances sanguifiables.

Les alcalis paraissent tellement nécessaires au développement des végétaux, que, lorsque le sol en manque, le végétal semble de lui-même en produire. Ainsi la pomme-de-terre a besoin d'alcalis, de potasse, qu'elle enlève au sol, et lorsque la potasse manque, on retrouve un alcali particulier appelé *solanine*.

Toutes ces substances minérales ne sont introduites dans le tissu du végétal qu'à l'état de dissolution. Quoiqu'on les retrouve dans tous les végétaux, certaines plantes semblent pourtant avoir pour elles une élection particulière. Ainsi la vigne se plaît dans les terrains riches en potasse ; le blé ne se développe que dans les terrains qui contiennent du carbonate et du phosphate de chaux ; les trèfles, les foins prospèrent sur des terrains qui contiennent du sulfate de chaux et autres calcaires. Voilà des exemples consacrés par la pratique agricole et que des expériences scientifiques ont confirmés. Pour vérifier ces phénomènes on a fait dissoudre certains sels dans l'eau distillée ; on a placé dans cette eau distillée des plantes, et l'on a pu constater ensuite par l'analyse que certains sels étaient entièrement absorbés par le végétal qui semblait en faire élection. C'est ainsi que les salsola, plantes qui croissent sur le bord de la mer et qui aiment particulièrement les sels de soude, placés dans une eau qui contient en dissolution tout à la fois du chlorure de sodium (sel de soude) et du chlorure de calcium (sel de chaux), absorbent tout le chlorure de sodium.

Recherchons maintenant si les quantités de cendres sont les mêmes pour tous les végétaux. Les analyses vont nous prouver que les quantités de cendres varient ainsi :

Exemple. — 1,000 parties, desséchées à 100 degrés, de chacune des plantes ci-dessous ont donné :

Sapin	8,30	
Écorces de chêne (branches)	25	
Feuilles de chêne	53	
Écorces de chêne (tronc)	60	
Topinambours	60	
Pommes-de-terre	60	
Fanes de pommes-de-terre	150	
Froment (un mois avant la floraison)	79	de cendres
Id. (pendant la floraison)	54	sur 1,000.
Id. (après maturité)	33	
Avoine (grains)	31	
Paille	40	
Betteraves	63	
Trèfle	77	
Seigle (grains)	23	
Paille	36	

Ces chiffres nous démontrent que la quantité de cendres n'est pas la même pour chaque végétal et que, même dans les différentes parties du végétal, elle varie. Ainsi, pour les écorces de chêne nous avons 25 millièmes, pour les feuilles 53 millièmes, et pour les écorces du tronc 60 millièmes.

Il y a plus, des tiges de blé analysées avant la floraison, puis après, ont donné un poids de cendres différent. Ceci nous fait donc supposer que ces substances minérales sont nécessaires au développement du végétal, et que, lorsque ce végétal a acquis son plus grand développement, elles retournent au sol.

Examinons ici quelques-unes des plantes dont la culture est le plus utile, en commençant par le blé.

1,000 grammes de grains de blé desséché contiennent :

Carbone	461	
Hydrogène	58	Partie organique.
Azote	23	
Oxigène	434	
Cendres	24	
	1,000	

1,000 grammes de paille de blé desséchée contiennent :

Carbone	4848	
Hydrogène	541	Partie organique.
Oxigène	3879	
Azote	035	
Cendres	697	
	1,000	

Les 24 grammes de cendres du grain se composent de :

Potasse	7,20
Chaux	0,72
Magnésie	3,90
Acide phosphorique	11,62
Acide sulfurique	0,25
Silice	0,31
	24,00

Les 69,70 de cendres de la paille contiennent :

Potasse	6,44
Soude	0,21
Chaux	5,95
Magnésie	3,50
Oxide de fer alum.	0,70
Acide sulfurique	0,70
Phosphore	2,17
Silice	49,61
Chlore	0,42
	69,70

En examinant avec soin ces cendres on trouve que les aliments spéciaux du grain de blé sont l'acide phosphorique, la magnésie et la potasse ; et les aliments spéciaux de la paille de blé sont la silice, la potasse et la chaux.

Maintenant, à l'état normal, le rapport du grain de blé à la paille est de 27,50 de grains pour 72,50 de paille ; en outre le blé à l'état normal contient 15 0/0 d'eau et la paille 26 0/0 ; l'hectolitre de blé pèse en moyenne 79 kilos. A l'état sec on aurait sur 300 kilos de gerbes 100 kil. de grains et 200 kil. de paille. Or, supposons une récolte moyenne de 2,000 kilos de grains pour un hectare à l'état sec ; puisqu'à l'état normal il contient 15 0/0 d'eau, les 2,000 kilos de blé sec pèsent normalement 2,300 kilos ou environ 30 hectolitres, dont chacun pèse 79 kilos ; ces 2,300 kilos enlèveront 48 kilos de cendres, représentant 23 kilos 700 d'acide phosphorique ou près de 48 kilos de phosphate. La paille pesant à l'état sec 4,000 kilos, puisqu'elle contient 26 0/0 d'eau, représentera 5,040 kilos à l'état ordinaire ; ces 5,040 kilos enlèveront 278 kilos 800 de cendres qui renferment 8 kilos 860 d'acide phosphorique. Nous aurons donc pour notre récolte 326,800 de cendres renfermant 32 kilos 560 d'acide phosphorique qu'il nous faudra restituer au sol.

Appliquant pour l'azote un calcul identique, nous trouverons que notre récolte enlève par le grain 46 kilos d'azote et par la paille 14 kilos. Total, 60 kilos d'azote, qu'il faut restituer au sol. Toutefois, il y a cette différence entre l'acide phosphorique et l'azote, que l'acide phosphorique doit être rendu en totalité, parce que cet acide n'a d'autre source que le sol, tandis que nous avons vu que l'azote pouvait être fourni tout à la fois par le sol ou par l'air. Il est donc plus urgent de fournir de l'acide phosphorique.

Autre exemple pris du seigle.

1,000 grammes de grains de seigle desséchés contiennent :

Carbone	463	50
Hydrogène	53	80
Azote	16	90
Oxigène	442	10
Cendres	23	70
	1,000	00

Partie organique (accolade regroupant Carbone, Hydrogène, Azote, Oxigène).

1,000 grammes de paille de seigle desséchée contiennent :

$$
\left.
\begin{array}{lr}
\text{Carbone} & 498\ 80 \\
\text{Hydrogène} & 55\ 80 \\
\text{Azote} & 3\ \ 0 \\
\text{Oxigène} & 405\ 60 \\
\text{Cendres} & 36\ 80 \\
\end{array}
\right\} \text{Partie organique.}
$$

1,000 00

Dans les cendres des graines de seigle, l'aliment spécial est aussi l'acide phosphorique et les alcalis.

TRÈFLE.

1,000 grammes de trèfle desséché contiennent :

$$
\left.
\begin{array}{lr}
\text{Carbone} & 475\ 30 \\
\text{Hydrogène} & 46\ 90 \\
\text{Azote} & 20\ 60 \\
\text{Oxigène} & 379\ 60 \\
\text{Cendres} & 77\ 60 \\
\end{array}
\right\} \text{Partie organique.}
$$

1,000 00

Les 77,60 de cendres contiennent :

20 grammes de potasse.
18 grammes de chaux.

L'aliment spécial d'une récolte de trèfle est donc la potasse et la chaux.

L'expérience pratique vous a fait connaître que cette plante ne saurait se développer sur un sol exempt de calcaire.

Pour compléter cette étude, voici les résultats des analyses obtenus sur un hectare de terre par M. Boussingaut dans sa ferme de Bechelbronn :

Récolte.		Cendres.	Acide phosphorique.	Potasse et Soude.
		k.	k.	k.
Pommes-de-terre	3085 k. ont enlevé	123,100	13,900	63,500
Betteraves	3172 — —	199,800	12,000	89,900
Tobinambours	5500 — —	330,000	35.600	146,800
Froment grains	1148 — —	27,500	12,900	8,100
Paille de froment	2790 — —	195,300	6,000	18,600
Avoine grains	1064 — —	42,600	6,400	5,500
Paille	1283 — —	65,400	1,900	18,900
Trèfle	4029 — —	310,200	19,500	84,100

Ces analyses ont pour l'agriculture un intérêt immense ; elles nous apprennent quelles sont les substances minérales propres à faciliter le développement des récoltes. On trouve ces résultats dans tous les ouvrages d'agriculture ; cependant, ces analyses, quoique bien faites, peuvent produire des variantes qui tiennent, sans doute, à la nature du sol, au climat, à l'espèce végétale, à la nature des engrais, et peut-être aussi à des causes inconnues jusqu'ici. Car de même que deux animaux placés, dans les mêmes conditions, pourront ne pas acquérir le même développement ; de même deux végétaux placés sur un même sol pourront se développer d'une manière inégale.

Néanmoins ne perdez pas de vue ces analyses, elles seront pour vous un des meilleurs guides à suivre dans les restitutions que vous aurez à faire au sol après telle ou telle récolte.

ERRATA.

Dans nos précédentes leçons, des erreurs se sont glissées. La première existe à la page 25.

Au lieu de lire, à la quinzième ligne : « *s'écrit,* etc., » lisez : pourrait s'écrire ainsi : $3CaO + PhO^5$.

A la ligne 26, *au lieu de* $Az\ H^5$, CaO^2, lisez : $Az\ H^3\ C\ O^2$.

De même encore à la page 27, au lieu de lire à la ligne 6 : $3CaO$, $Ph\ HO^5$, lisez $3\ CaO$, $Ph\ O^5$.

De même à la page 33, au lieu de lire à la ligne 13 : *l'eau maintenue en dissolution,* lisez : l'air maintenu en dissolution.

6e LEÇON.

—

EXAMEN DU SOL.

On désigne sous le nom de *sol* ou terre arable la partie superficielle de la terre où les végétaux peuvent se développer.

Le sol que vous cultivez aujourd'hui n'a pas toujours été tel que vous le voyez, autant ameubli et si peu rebelle aux instruments aratoires. Tout nous fait supposer qu'il est le produit de la désagrégation des roches, qui formaient primitivement l'écorce du globe et analogues à celles que l'on retrouve dans le sein de la terre ou sur le flanc des coteaux.

Afin de bien comprendre comment le sol est arrivé à l'état où nous le voyons aujourd'hui, il faut nous rappeler d'abord que la terre n'a pas toujours été ce qu'elle est actuellement. Primitivement elle devait être un globe de feu qui, en roulant dans l'espace, a dû se refroidir et donner naissance à deux groupes de terrains bien distincts, par l'époque de leur formation et leur composition chimique.

Les premiers terrains qui se sont formés et que l'on appelle primitifs ou terrains ignés, ont été créés par voie de fusion. Ils se présentent en masses plus ou moins considérables, cristallisées et jamais disposées par couches. A ce type appartiennent les *granits*, les *porphyres* et les *feldspaths*.

Les autres terrains qui se sont formés plus tard ont été appelés terrains de sédimentation. Ils se présentent toujours en couches stratifiées et accusent dans leur formation la présence de l'eau. A ce groupe appartiennent les *grès*, les *argiles* et les *calcaires*.

Puisque nous admettons que le sol est formé par la désagrégation de toutes ces roches, il est donc clair que si cette désagrégation eût été libre, une roche de granit eût donné naissance à un sol représentant la composition chimique du granit, qui contient du quartz, du mica et du feldspath.

Un schiste argileux aurait donné naissance à un sol d'argile; une roche de craie à des couches de calcaire; mais la dislocation de ces roches a été soumise à des influences mécaniques ou physiques, et à des influences chimiques qui ont modifié leur état.

Les influences physiques ou mécaniques qui ont agi, sont en première ligne *les volcans* qui, de temps en temps, ont ébranlé la couche et soulevé les roches; ces masses, en perdant leur point d'appui, ont pu rouler dans des bas-fonds, être entraînées par les eaux et être ainsi brisées par le frottement. En outre, l'eau qui, en s'infiltrant dans les fissures de ces roches, a dû se congeler, et, en augmentant de volume a pu les réduire en fragments plus ou moins volumineux, comme cela se passe dans les pierres dites *gelives*.

Les influences chimiques qui ont agi, sont d'abord : les eaux qui, dissolvant certains éléments de ces roches, ont pu les entraîner loin de leur point de départ ; l'acide carbonique de l'air qui a dissout les silicates, les carbonates et les phosphates; enfin l'oxigène de l'air qui, en se combinant avec les métaux de ces roches, en a changé l'état chimique.

La végétation a aussi contribué d'une manière puissante à la formation de la couche arable ; car, dès que la surface d'une roche a pu être recouverte d'une substance minérale pulvérulente, il s'est alors formé des mousses qui, par leur décomposition, ont pu donner naissance à un peu de terreau, lequel, à son tour, a dû servir au développement de certains végétaux d'un ordre supérieur. Un fait semblable se passe sur les murs des vieux édifices, quand un peu de terre s'y amasse et qu'on y voit germer des plantes de toutes sortes.

Enfin l'homme, par son travail, a aussi apporté sa part de résultat, en mélangeant les différentes couches minérales et en y introduisant des substances organiques dans un état plus ou moins avancé de décomposition.

Telle est l'idée que vous devez vous faire de la formation des sols arables. Il vous est d'ailleurs facile de prendre la nature sur le fait, en examinant l'action lente et destructive que le temps, aidé des agents atmosphériques, exerce tous les jours sur nos plus beaux édifices.

Le sol arable n'est donc qu'un mélange de substances minérales dans un état de division plus ou moins grande, renfermant, en outre, des quantités variables de matières organiques en décomposition. Il est d'ailleurs le laboratoire où se préparent une grande partie des matières nécessaires à l'alimentation du végétal et au développement des récoltes. La connaissance exacte du sol est donc de la plus haute importance pour le cultivateur; aussi nous l'étudierons ici sous deux points de vue :

1° Celui de sa composition chimique,

Et 2° celui de sa constitution physique.

COMPOSITION CHIMIQUE.

L'épaisseur de la couche arable varie depuis quelques centimètres jusqu'à un mètre et plus. M. de Gasparin divise ainsi cette couche en :

Sol actif,
Sol inerte,
Sous-sol,
Couche imperméable.

Le sol actif, c'est la couche superficielle destinée à la culture.

Le sol inerte, c'est la couche au-dessous ; mais présentant la même composition chimique que le sol actif.

Le sous-sol est la couche placée au-dessous du sol inerte ; sa composition chimique est différente, et elle repose sur la couche imperméable.

Quelquefois dans un sol il n'y a pas de couche inerte et le sol actif repose entièrement sur le sous-sol.

La couche imperméable est le plus ordinairement calcaire ou argileuse, et elle peut d'abord avoir une certaine influence sur la couche arable, principalement sur son état de sécheresse ou d'humidité. Ensuite la connaissance du sous-sol est importante en ce qu'il peut y avoir quelquefois avantage, pour le cultivateur, à le défoncer un peu pour le mélanger avec le sol arable. Si ce sous-sol est argileux et que le sol actif soit siliceux, il trouvera par cela même le moyen d'augmenter la ténacité de la terre, et nous verrons plus tard que, dans ces conditions, le sol doit devenir plus productif.

Si, au contraire, le sol actif est argileux et que le sous-sol soit calcaire, en les mélangeant ensemble, le cultivateur diminuera ainsi la ténacité du sol en le rendant plus perméable aux agents atmosphériques, dont l'utilité vous est connue.

ÉTAT DES SUBSTANCES DANS LE SOL.

Nous ayons vu en examinant les cendres des végétaux que ces cendres n'étaient autre chose que des substances minérales enlevées au sol. En analysant la terre, nous devons y retrouver toutes ces substances, et voici la liste de toutes celles que l'on a jusqu'à ce jour trouvées dans les sols :

Chaux et carbonate de chaux,	Chlorure de sodium (sel marin),
Magnésie et carbonate de magnésie,	Oxide de fer, sulfate de fer,
Silice ou sable,	Manganèse,
Argile,	Sulfate de chaux, plâtre,
Acide phosphorique et phosphates,	Eau,
Carbonate de potasse,	Azote, ammoniaque, nitrates,
Carbonate de soude,	Humus et terreaux.

EXAMEN DE CES DIFFÉRENTS CORPS. — LA CHAUX ET LE CARBONATE
DE CHAUX.

Si la chaux ne peut se trouver qu'accidentellement dans les
sols, il n'en est pas de même du carbonate de chaux.

Ce dernier corps, nommé aussi craie, calcaire, marbre
quand il est cristallisé, s'appelle Marne, le plus ordinairement,
quand il est mélangé d'argile; en chimie, c'est du carbonate de
chaux. Sa formule s'écrit ainsi : Ca O C O² , ayant pour équivalent 50 ; il est formé sur 100 parties de 56 grammes de chaux et
44 d'acide carbonique. (Ca calcium, O oxigène, C carbone,
O² oxigène, × 2 ou deux proportions d'oxigène.)

Ce corps est solide, blanc à l'état de pureté ; quand il est mélangé à certains oxides métalliques, il est diversement coloré,
et à l'état de cristallisation, il forme le marbre. Insoluble dans
l'eau, soluble dans les acides, même les plus faibles, avec décomposition; soluble à l'état de sel acide, c'est-à-dire de *bi-carbonate* de chaux. On peut supposer que c'est à l'état de solubilité dans les acides qu'il est charrié dans l'économie du végétal.

Ce corps est excessivement répandu à la surface du globe ; il
forme, à lui seul, des chaînes de montagnes. Les Alpes, les
Vosges et les Pyrénées, les coquilles d'œufs, les écailles d'huîtres
et les terrains crayeux en sont presque entièrement formés ;
enfin, il fait partie indispensable de tous les terrains fertiles.

Les terrains qui n'en contiennent point ont des caractères
agricoles particuliers. Il s'y développe spontanément de la petite oseille, de la digitale et de la matricaire. Les terrains, au contraire, qui en renferment des quantités notables, permettent le
développement spontané des trèfles, des lotiers et des fourrages
légumineux.

La présence du calcaire est indispensable à la culture des
froments, et cette qualité est tellement inhérente au principe
calcaire, qu'il suffit d'en ajouter 1 à 2 0/0 aux terres qui n'en
contiennent pas, pour qu'immédiatement la culture des bonnes
plantes succède à celle des mauvaises, et pour qu'une terre qui,
ne produisait que du seigle, puisse donner une récolte de blé.

De plus, en augmentant la quantité de calcaire, on voit la récolte augmenter de produit. Quand le calcaire est mélangé en
proportions convenables, avec le sable et l'argile, il constitue
les terres les plus riches et les plus fertiles ; ces terres portent le
nom de *loams*.

On le trouve dans les sols sous plusieurs états : à l'état de
fragments plus ou moins volumineux, à l'état de sable calcaire,
ou dans un état encore plus divisé. Il est facile de com-

prendre que sous ces états différents, qui présentent des chances d'assimilation différente, il doit communiquer aux sols des degrés de fertilité bien disproportionnés. C'est aussi ce qui semble résulter de l'analyse, car certains sols ayant le même dosage en carbonate de chaux présentent des degrés de fertilité dissemblables.

Il semble donc avoir sur le sol une action physique et une action chimique.

Comme action physique, employé dans les terres légères ou siliceuses, il augmente la consistance du sol, il leur donne de la tenacité. Au contraire, mélangé avec les terres fortes ou argileuses, il les rend plus légères en les faisant devenir plus facilement perméables aux agents atmosphériques tels que l'eau, l'air et la chaleur. Il donne, en outre, aux sols légers, la propriété de pouvoir conserver l'eau si nécessaire à la végétation.

ACTION CHIMIQUE DE LA CHAUX.

Le carbonate de chaux est d'abord un aliment spécial des plantes, car nous en trouvons dans toutes les cendres ; ensuite il peut neutraliser les acides du sol. Insoluble par lui-même, il est probable qu'il est introduit à l'état de bi-carbonate de chaux soluble, combinaison effectuée par la présence de l'acide carbonique du sol ou de celui de l'atmosphère.

Certaines récoltes, le trèfle, par exemple, enlèvent au sol 76 kilos de chaux sur un hectare de terre ; ces 76 kilos de chaux représentent 137 kilos de carbonate de chaux.

Or le fumier contient, par mille kilos, 9 kilos de carbonate de chaux ; donc pour restituer ces 137 kilos de carbonate de chaux, il faudrait répandre 15 à 16,000 kilos de fumier. Tout cultivateur qui ne disposerait pas de ce chiffre pour sa fumure, serait donc obligé, pour maintenir l'équilibre fertile en calcaire de son champ, de remplacer ce calcaire au moyen du marnage.

Il est quelquefois de la plus haute importance de reconnaître si une terre est calcaire. Pour cela on prend 100 grammes de terre préalablement desséchée, on la met en contact avec une partie d'acide nitrique étendue de 3 ou 4 parties d'eau. On ajoute ensuite de l'eau distillée et l'on filtre, en lavant avec soin le filtre ; on verse dans la liqueur de l'oxalate d'ammoniaque jusqu'à ce qu'il ne se fasse plus de précipité.

On recueille le précipité d'oxalate de chaux sur un filtre, après avoir lavé, et on fait sécher ce précipité à 100 degrés. — L'on calcule ensuite, par le poids de l'oxalate de chaux obtenu, la quantité de chaux qui existait dans les 100 grammes de terre. Un gramme d'oxalate de chaux représente 0,62 de carbonate de chaux.

On peut aussi doser le carbonate de chaux contenu dans un sol d'une autre manière. Lorsqu'il en contient une quantité assez appréciable, on met sur le plateau d'une balance un vase contenant 100 grammes de terre et un vase contenant de l'acide nitrique étendu d'eau. On équilibre la balance et on verse l'acide sur la terre. Le carbonate de chaux est décomposé, l'acide carbonique se dégage et, par suite de la perte de poids occasionnée par l'acide carbonique, on peut calculer la quantité de carbonate de chaux. Un gramme d'acide carbonique dégagé représente 2,26 de carbonate de chaux.

DE LA MAGNÉSIE ET DU CARBONATE DE MAGNÉSIE.

Ce corps accompagne presque toujours le carbonate de chaux dans les terres. C'est un corps blanc très-léger, absorbant quatre fois et demie son poids d'eau. Sa présence dans les sols les rend plus frais, plus légers et plus accessibles aux agents atmosphériques. Cette substance fut considérée pendant longtemps comme nuisible dans les terres. Bergmann, le premier, constata sa présence dans les sols fertiles. Liébig va plus loin : il ne saurait admettre la formation d'un grain de blé sans phosphate ammoniaco-magnésien ; c'est-à-dire sans un corps qui contienne de l'acide phosphorique, de l'ammoniaque et de la magnésie. Les cendres de blé contiennent jusqu'à 16 pour 100 de ce corps. Les terres fertiles du Nil et du Languedoc en contiennent une proportion plus notable encore.

La magnésie, malgré cela, est une des substances que l'on rencontre en quantités faibles dans les récoltes, et, chose singulière, une fumure de 10,000 kilos de fumier rend généralement au sol plus que la quantité qui lui a été enlevée. Nous n'avons donc pas besoin de nous inquiéter de rechercher les moyens de fournir au sol cette substance.

La formule de ce corps est MgO, CO^2 ayant pour équivalent 42. Cela veut dire Mg, magnésium; O, oxigène; C, carbone; O^2 oxigène $\times$ 2. Il est formé sur 100 parties de 48 de magnésie et 52 d'acide carbonique.

DE LA SILICE (*sable, quartz, acide silicique.*)

La silice ou sable fait partie de tous les sols arables. C'est un corps solide, insoluble dans l'eau, insoluble dans les acides, mais soluble au moyen des alcalis, potasse et soude.

On la trouve dans les sols sous trois états :

1° En fragments plus ou moins volumineux, insolubles dans l'eau, dans les acides, mais solubles dans les alcalis :

2° A l'état de poudre blanche très-divisée, provenant de la décomposition des silicates. Dans cet état elle est un peu soluble dans les acides forts, dans les alcalis, et en petite quantité dans l'eau ;

3° A l'état de combinaison, formant des silicates naturels, tels sont les silicates d'alumine, de potasse, de soude et de chaux.

La silice, à l'état de sable, selon la grosseur de ses morceaux, modifie singulièrement les sols. A l'état de sable fin, elle retient jusqu'à 30 0/0 d'eau et elle peut servir avantageusement pour modifier la tenacité des sols argileux. A l'état de gros grain il ne retient que 20 0/0 d'eau.

La silice, dont l'agriculture tient si peu compte parce qu'on la trouve souvent en quantité assez notable dans les sols, est de première nécessité pour les végétaux. Les cendres des tiges herbacées en contiennent toutes des quantités notables, et les cendres du chaume des graminées en contiennent jusqu'à 60 ou 70 0/0 de leur poids. Elle paraît constituer le squelette de la tige comme le phosphate de chaux forme la base de la charpente osseuse de l'animal. Il est probable que lorsqu'une récolte verse, c'est que cette récolte s'est développée rapidement et qu'elle n'a pas trouvé, dans un temps donné, assez de silice soluble pour fournir, assez de consistance à son chaume. L'analyse constate alors une diminution de silice dans la tige des céréales.

Formule : Si O⁵ silicium 1, oxigène 3 ou oxide de silicium.

DE L'ARGILE.

L'argile, dite terre glaise ou silicate d'alumine, est une substance indispensable à tous les sols propres à la culture ; elle est formée sur 100 parties de :

$$
\left.\begin{array}{ll}
\text{Silice} & 52 \\
\text{Alumine} & 33 \\
\text{Eau} & 15
\end{array}\right\} 100
$$

Elle provient de la désagrégation des roches alumineuses à base de potasse ou de soude qui sont très-répandues à la surface du globe. Au nombre de ces corps se rangent les feldspaths, les schistes argileux. Les argiles sont solides, de couleurs diverses, ayant le toucher gras et onctueux et de plus elles ont la propriété de faire une pâte liante avec l'eau. L'argile est susceptible d'acquérir du poli par le frottement, et mêlée avec l'eau, dont elle est très-avide, elle peut prendre toute espèce de formes. Par la cuisson elle acquiert de la dureté, conserve sa forme et fait feu au briquet.

L'argile est un corps très-avide d'eau, car elle peut en retenir jusqu'à 70 %, qu'elle n'abandonne que difficilement. C'est à cause de cette avidité pour l'eau, que l'argile, placée sur la langue, la déssèche; on dit alors qu'elle *happe* à la langue.

L'argile, au point de vue agricole, possède une propriété des plus importantes, celle de condenser le gaz ammoniaque contenu dans l'atmosphère et de le maintenir en réserve ; elle possède même cette propriété quand elle a été brûlée ou *écobuée*. C'est en vertu de cette propriété que tous les sols argileux contiennent toujours des traces d'ammoniaque, dont on peut constater la présence en arrosant cette terre d'une dissolution de potasse ou de soude caustique qui en dégage l'ammoniaque, duquel on prouvera la présence au moyen d'un papier de tournesol rougi qui redeviendra bleu.

Les cultivateurs expérimentés savent très-bien que lorsqu'ils mettent en culture une terre fortement argileuse, les premières années ne donnent pas un produit en rapport avec la fumure. Cela tient sans doute à ce que l'ammoniaque des fumiers est fortement retenu par l'argile ; mais lorsque cette terre est saturée d'ammoniaque, elle peut produire alors un certain nombre de récoltes sans paraître s'épuiser. Selon M. de Gasparin une terre argileuse en pleine culture, dans son état normal de fertilité, contient sur 100 kilos, 15 grammes d'azote, représentant 18 grammes d'ammoniaque. Cette donnée est de la plus haute importance ; elle nous apprend que toute terre argileuse doit posséder un capital d'engrais avant d'être portée à toute sa valeur. L'existence de ce capital d'engrais est nécessaire pour que le fumier ajouté produise son effet postérieurement.

De la propriété qu'a l'argile de retenir facilement l'eau, il résulte que, dans les années sèches, les plantes se trouvent bien dans un sol argileux. Elles y rencontrent l'eau nécessaire à leur alimentation ; mais dans les années humides les récoltes s'y comportent mal, parce que l'argile, par sa plasticité, empêche l'eau de s'écouler. En dehors des propriétés que je viens de vous signaler, l'argile, dans les sols, semble remplir un rôle tout mécanique ; cependant, puisqu'elle fait partie constituante des sols fertiles et qu'elle ne manque jamais dans un sol propre à la culture, elle doit contenir évidemment un principe qui influe sur la vie des plantes et prendre part à leur développement. Ce principe n'est autre que la potasse ou la soude que l'on rencontre dans tous les minéraux qui peuvent donner naissance à l'argile.

Dans notre prochaine leçon, nous continuerons l'étude des autres corps.

7ᵉ LEÇON.

—

CHIMIE DU SOL (suite).

—

ACIDE PHOSPHORIQUE ET PHOSPHATES.

L'acide phosphorique n'existe point dans les sols à l'état libre, mais le plus ordinairement il est combiné à la chaux et à la magnésie, formant alors les phosphates de chaux et de magnésie. — Le phosphate de chaux joue un très-grand rôle dans l'économie animale ; c'est lui qui forme la base de la charpente osseuse des animaux vertébrés. Sa présence dans notre économie pourrait laisser des doutes sur sa provenance, parce que l'homme est omnivore ; mais chez un animal herbivore, nul doute que le phosphate de chaux contenu dans ses os vient des plantes, et les plantes ne sauraient le puiser ailleurs qu'au sein du sol, puisque l'atmosphère n'en contient pas.

La formule du phosphate de chaux, est $3Cao, PhO5 = 156$. Ou pour 100, 54 de chaux, 46 acide phosphorique.

Ce corps est blanc, solide, insipide, inodore, insoluble dans l'eau, soluble avec décomposition dans les acides et dans les solutions de certains sels ; il forme la base de la substance minérale des os. On le trouve en Espagne (Estramadure) sous le nom minéral d'*apatite*, où il est exploité comme pierre à bâtir. Enfin, on le trouve dans quelques départemens de la France, où, uni à la silice, au carbonate de chaux, à l'oxide de fer, il forme des rognons connus sous le nom de coprolithes ou phosphorites. Il fait partie de tous les sols fertiles où sa présence est indispensable à la formation des graines en général et des céréales en particulier. Ce corps, étant insoluble par lui-même, ne peut être assimilé par les plantes qu'à l'état soluble, soit dissous à la faveur de l'acide carbonique du sol, soit par la présence de certains corps, tels que le chlorure de sodium et les sels ammoniacaux.

PHOSPHATE DE MAGNÉSIE.

Ce corps accompagne presque toujours le phosphate de chaux dans les sols et dans les graines des céréales. On le trouve même en plus grande quantité que le phosphate de chaux.

Selon M. Liébig, il n'y a pas possibilité de supposer un grain de blé sans phosphate de magnésie; les cendres du grain de blé en contiennent 16 %.

Ces deux corps, phosphate de chaux et de magnésie, étant indispensables à la formation des graines, il est donc du plus haut intérêt de pouvoir constater leur présence dans les sols. Pour cela on prend 50 grammes de terre desséchée, on la fait bouillir avec de l'acide nitrique pendant un quart d'heure ; on étend d'eau, on filtre et on fait évaporer jusqu'à siccité ; on reprend le résidu par de l'acool aiguisé d'acide nitrique et on traits ce liquide filtré par l'acétate de plomb; s'il y a des phosphates, il se forme un précipité de phosphate de plomb qu'on déssèche et qu'on pèse.

CARBONATE DE POTASSE, CARBONATE DE SOUDE, CHLORURE DE SODIUM.

Dans toutes les cendres des végétaux on trouve des sels de potasse ou de soude. Quelques chimistes, ignorant dans le principe que ces corps existent dans le sol, avaient émis cette opinion erronée que les végétaux pendant leur vie avaient le pouvoir de créer ces substances. Mais, Messieurs, un végétal, un animal, l'homme même, ne peuvent rien créer; au sein du végétal il s'établit des métamorphoses, des changements de forme, et rien de plus.

Du reste, M. Lassaigne, pour réfuter cette opinion erronée, prit une capsule de platine dans laquelle il mit de la fleur de soufre lavé ; il y sema des graines de sarrasin qu'il arrosait avec de l'eau de pluie, les plantes germèrent et purent se développer ; lorsqu'elles eurent acquis un certain développement, il en fit l'analyse, et comparant l'analyse de sa récolte avec celle de ces graines, il put constater que la quantité de sels de potasse trouvée, était bien la même. Donc, les plantes pendant leur végétation ne peuvent créer de la potasse.

D'où viennent donc la potasse et la soude qui existent dans les sols ? Evidemment c'est de la désagrégation des roches feldspathiques, basaltes, schistes argileux, glaises qui toutes contiennent de la potasse ou de la soude en proportions variables. M. Liébig calcule qu'une roche de glaise qui, en se désagrégeant, aurait formé un hectare de terre dont la profondeur serait de 0,60 centimètres, fournirait ainsi 176,000 kilos de potasse ; 4 mètres cubes de feldspath pourront fournir pendant cinq ans assez de potasse pour alimenter tout un hectare de forêts de cet alcali. Comme vous le voyez, certains terrains argileux peuvent contenir assez de potasse pour subvenir aux besoins de quelques milliers de récoltes ; certains sols en contiennent 3 à 4 0/0, d'autres n'en contiennent qu'un millième. Les terrains, du reste, qui n'en contiennent que des quantités minimes se font remarquer par l'effet excellent que produit sur eux l'épandage des cendres ou des charrées, qui contiennent toujours de la potasse, comme nous le verrons plus tard.

La potasse, ainsi que la soude, a la propriété de désorganiser les matières organiques du sol.

CARBONATE DE SOUDE, CRISTAUX DE SOUDE.

Ces sels, que l'on rencontre aussi dans les sols provenant des mêmes sources, peuvent suppléer parfaitement la potasse ; car l'expérience a prouvé que deux champs contigus, l'un contenant de la potasse, l'autre privé de ce corps, mais contenant de la soude, fumés et ensemencés de la même manière, donnaient des récoltes pareilles.

Du reste, les propriétés de la potasse et de la soude sont à peu près les mêmes, et dans la plupart des composés chimiques elles ont une action identique.

Pourtant, s'il s'agissait de fournir à un sol l'un ou l'autre de ces corps, il y aurait de l'avantage à choisir la soude, qui est toujours à meilleur marché.

SEL MARIN OU CHLORURE DE SODIUM.

On trouve aussi dans les sols du sel marin ; mais en général on ne le rencontre qu'en petites proportions. Lorsque cette quantité dépasse 2 0/0 du poids de la terre, les graminées et les céréales cessent d'y croître, et l'on y voit se développer des plantes marines, salsola, atriplex, salicornia.

Il est quelquefois important de constater si une terre contient du sel marin. Pour cela on prend un kilogramme de terre, on le lave avec de l'eau distillée ; on met alors dans cette eau quelques gouttes d'acide nitrique avec une dissolution de nitrate d'argent. S'il y a du sel, il se fait un précipité blanc de chlorure d'argent soluble dans l'ammoniaque, se colorant en violet à la lumière. On recueille ce précipité, on le fait sécher, on le pèse, et si l'on obtenait par kilogr. de terre 7 grammes 30 centigrammes de chlorure d'argent, on en conclurait que le kilogramme de terre contient 3 grammes de sel marin ou 3 kilogrammes par 1,000 kilos, c'est-à-dire une quantité qui paraît avoir sur la production du sol une influence fâcheuse.

OXIDES DE FER, SULFATE DE FER (*couperose verte*).

On trouve dans tous les terrains fertiles le fer combiné à l'oxigène, et en diverses proportions. Ce sont ces oxides qui donnent à nos terres ces colorations différentes selon leurs degrés d'oxidation et leur quantité plus ou moins grande. La présence de ces oxides de fer dans les sols leur donne de la densité, de la tenacité et la propriété de pouvoir s'échauffer sous l'influence des rayons solaires. On trouve des oxides de fer dans presque toutes les cendres des végétaux.

Bien que l'on ne sache pas sous quelle forme ces composés de fer sont apportés au végétal, leur présence nous paraît indispensable pour la formation de la matière colorante verte des feuilles, où ils semblent agir de la même manière que pour la matière colorante du sang. Cette matière colorante verte des feuilles joue aussi un grand rôle dans la nutrition du végétal, car dès qu'une feuille jaunit, elle perd la propriété de décomposer l'acide carbonique de l'air. Il existe dans les sols deux oxides de fer bien différents par leur composition et leurs propriétés : l'un, qui est rouge, a la propriété de pouvoir condenser, comme l'argile, l'ammoniaque et le carbonate d'ammoniaque ; l'autre, noirâtre, qui est au fond du sol et qui, ramené à la surface par les labours, puis soumis à l'influence de l'air, s'oxide davantage. En passant à cet état, il produit de l'ammoniaque que l'oxide rouge de fer absorbe et peut maintenir en réserve pour la végétation : ainsi deux oxides de fer, l'un qui sert à la production du gaz ammoniaque, l'autre qui le maintient en réserve. Outre la propriété de fournir aux plantes un aliment, ils favorisent la production de l'ammoniaque et sa conservation.

COUPEROSE VERTE

(sulfate de fer, composé d'acide sulfurique et oxide de fer).

On rencontre quelquefois, mais accidentellement, ce corps dans les terres arables ; lorsqu'il y est en petite quantité, il semble exercer une action favorable sur la végétation. L'expérience a prouvé que, par l'emploi de faibles dissolutions de ce sel sur des végétaux languissants et décolorés, la couleur verte des feuilles reparaissait ; mais lorsqu'il existe en quantité notable, il exerce sur les plantes une action funeste. Les sols qui sont arrosés par des eaux contenant en dissolution du sulfate de fer sont frappés de stérilité. Pour constater la présence du fer dans les terres, il suffit de les traiter par l'eau distillée légèrement acide, le liquide obtenu se colore en noir par le tannin, l'écorce de chêne, la noix de Galles, en bleu par le prussiate de potasse, en rouge par le sulfo-cyanure de potassium.

OXIDE DE MANGANÈSE.

Ce corps se trouve quelquefois dans certains sols où il semble jouer un rôle identique aux oxides de fer.

GYPSE. — PLATRE. — SULFATE DE CHAUX.

Ce corps se trouve généralement en si petite quantité dans les sols que pendant longtemps on n'en a pas soupçonné la présence. Mais l'usage que l'on finit par faire du plâtre, devait tôt ou tard la faire supposer. Aussi, des analyses furent faites avec beaucoup de soin et réalisèrent les suppositions. Ce corps n'a aucune action sur les céréales, et il n'est guère employé que comme stimulant sur les prairies artificielles. Lorsque l'on veut constater dans un sol la présence du plâtre, on épuise la terre par de l'eau aiguisée d'acide hydrochlorique, on fait évaporer le liquide et on ajoute de l'alcool; s'il y a du plâtre, la liqueur se trouble, parce que le plâtre est complètement insoluble dans l'alcool.

La formule de ce corps est : $Ca\,O, S\,O^3 , 2H\,O = 86$. Sur 100 parties, il contient 46 acide sulfurique, 33 chaux, 21 eau.

EAU.

L'eau fait partie constituante de tous les sols où sa présence est indispensable. De tous les besoins du végétal il n'en est pas de plus impérieux que celui de l'eau. Une plante placée dans les sols les plus fertiles, les mieux fumés, ne saurait se maintenir si elle en est privée. C'est l'eau en effet qui constitue la sève, c'est l'eau qui, ramenée à la surface du sol sous forme de pluie, entraîne à l'état de dissolution toutes les substances organiques ou minérales qui doivent servir au développement du végétal. En examinant la constitution physique du sol, nous verrons que la fumure, les amendements, l'ameublissement du sol, la nature même du terrain sont autant de causes qui influent sur la manière dont l'eau peut se comporter dans les sols.

Les terres qui, à 33 centimètres (un pied de profondeur), conservent de 15 à 25 0/0 d'eau, sont dites *terres fraîches*. Celles qui en contiennent moins de 10 0/0 à la même profondeur sont dites *terres sèches* ; enfin, lorsque la proportion d'eau s'abaisse au-dessous de 10 0/0 dans la couche de terre située à 6 centimètres de profondeur, les végétaux commencent à jaunir.

Il est quelquefois important de savoir la quantité d'eau que peut absorber et retenir un sol ; nous verrons cela en étudiant les propriétés physiques du sol.

AZOTE, AMMONIAQUE, NITRATES.

Puisque l'on rencontre de l'air dans tous les sols, nous devons y trouver de l'azote ; mais dans cet état il paraît ne pas être dans des conditions d'assimilation facile pour les végétaux. Les chimistes pensent que, pour avoir des chances d'assimilation, il faut qu'il soit sous forme d'ammoniaque, de carbonate d'ammoniaque ou de nitrates.

L'ammoniaque ou le carbonate d'ammoniaque contenu dans les sols, peut se diviser en trois parties :

Une qui est maintenue en réserve par les éléments absorbants du sol argile et oxide de fer.

Une *seconde* qui est utilisée journellement au profit de la végétation.

Enfin une *troisième* qui, échappant aux deux premiers emplois, se dégage dans l'atmosphère et peut être ramenée plus tard à la surface du sol par les pluies.

Analyses de terre contenant de l'azote sur 1,000 gr.

Terre de la limagne d'Auvergne.. 32^{mill}. (terre fertile).
— de Marville près St-Denis.. 22
— noire de Russie.......... 17
— de Boulbène............ 7

Il résulte de ces analyses, que ces divers sols contiennent, sur un hectare, une quantité d'azote pouvant fournir 6 à 8 mille kilogrammes d'ammoniaque, et l'on a trouvé sur des terres sablonneuses incultes des quantités d'azote pouvant fournir jusqu'à 2,000 kilogrammes d'ammoniaque.

Or, si nous réfléchissons que la meilleure fumure ne fournit pas en moyenne, au sol, plus de 100 kilos d'azote, et que cette fumure suffit pour obtenir une bonne récolte, comment expliquer l'action du fumier. Je vous ai dit d'abord que l'azote ne paraissait pas assimilable à l'état d'azote, qu'il fallait qu'il fût à l'état d'ammoniaque ou de nitrates. Mais quand bien même, sur un sol sablonneux, vous répandriez 1,000 kilos d'ammoniaque, vous n'obtiendriez pas de bons résultats. C'est qu'en effet, à une récolte, il faut autre chose que de l'azote ou de l'ammoniaque ; la fumure apporte bien de l'azote, mais en même temps elle fournit au sol du calcaire, de l'acide phosphorique, des alcalis et de la silice soluble, corps dont la présence est nécessaire pour que le végétal puisse assimiler l'ammoniaque.

Pour constater si une terre contient de l'ammoniaque, il faut la chauffer avec un peu de potasse ou de soude, et l'on reconnaîtra à l'aide d'un papier de tournesol rougi qui redeviendra bleu s'il se dégage de l'ammoniaque. Quoique ce gaz ramène au bleu le papier de tournesol rougi, néanmoins il pourrait se faire que l'ammoniaque rencontré vint de produits organiques végétaux ou animaux non décomposés dans la terre, et que la terre même n'en contint pas à l'état libre.

NITRATES.

On trouve aussi dans les sols l'azote à l'état de nitrate de potasse, de nitrate de soude ou nitrate de chaux. C'est particulièrement dans les contrées méridionales, l'Espagne, l'Italie, le midi de la France et le Pérou. Quelquefois il forme à la surface du sol des efflorescences salines d'où on pourrait l'extraire par le lessivage de la terre et l'évaporation. **M.** Boussingault a pu en constater la présence dans des jardins très-fertiles. Nous rechercherons dans un article spécial quel est le rôle des nitrates. Si l'on voulait constater la présence de ces sels dans le sol, il faudrait le traiter par l'eau distillée, faire évaporer jusqu'à siccité ; le résidu chauffé dans un tube avec de la tournure de cuivre et de l'acide sulfurique, donnerait naissance à des vapeurs rutilantes d'acide hypoazotique, qui accuseraient l'existence des substances recherchées.

TERREAU. — HUMUS.

Outre toutes les substances minérales que nous venons d'examiner, un sol fertile contient toujours des matières organiques, c'est-à-dire des matières provenant d'êtres organisés, soit animaux, soit végétaux. Toutes ces matières, en présence de l'air, de l'eau, de la chaleur, entrent en décomposition et forment ce que l'on appelle le terreau. On voit que le terreau doit se composer de débris organiques non décomposés, de certains autres dans un état de décomposition plus ou moins avancée, et de parties enfin qui, arrivées au dernier terme de la décomposition, forment ce que l'on appelle le *pourri*. Les matières qui peuvent donner naissance à du terreau n'étant pas semblables entr'elles, n'ayant pas la même composition, on conçoit facilement que les terreaux pourront avoir des propriétés différentes. On les distingue en *terreau doux, terreau acide, terreau tourbeux*.

Le terreau doux est celui qui provient de la décomposition des plantes qui ne sont point acides, comme les pailles des céréales ; il ne rougit pas la teinture de tournesol, et est propre à toute espèce de culture.

Le terreau acide provient de la décomposition des plantes acides riches en tannin comme les bruyères, les digitales. Ce terreau rougit le papier de tournesol et ne saurait convenir à la culture des plantes usuelles s'il n'a été amendé par la marne ou la chaux.

Les terreaux tourbeux ou tourbes proviennent de débris végétaux qui se sont décomposés sous l'eau ; ils ne contiennent presque plus que du carbone ; aussi lorsque ces tourbes sont en assez grande quantité, on les exploite comme combustibles.

Les terreaux, comme on le voit, viennent bien des matières organiques en décomposition. La quantité que l'on trouve dans les sols en est très-variable. La pratique agricole constate que l'avoine et le seigle peuvent fournir une récolte sur des terrains qui en contiennent 1,50 0/0 ; l'orge exige 2 à 3 0/0 ; enfin, les bonnes terres à blé 4 à 8 0/0.

HUMUS.

La partie du terreau qui semble jouer dans la végétation un rôle important est ce que l'on appelle l'*humus*. C'est un corps complexe formé sur 100 de 43 de matières organiques et 57 de matières minérales. Les 43 de matières organiques dosent 1,50 0/0 d'azote. La matière organique est un corps noirâtre peu soluble dans l'eau, soluble dans les alcalis. Mise en contact avec l'humidité et l'oxigène de l'air, elle se transforme en acide carbonique; dissoute dans l'eau, elle semble présenter au végétal une substance organique toute préparée pour son alimentation, contenant les substances minérales nécessaires à son développement. Par la facilité avec laquelle il peut se transformer en acide carbonique, l'humus en fournit aux racines une quantité nécessaire à leur nutrition.

Le terreau, contenant toujours de l'humus, outre la propriété qu'il a de fournir aux plantes des substances nécessaires à leur alimentation, donne au sol des propriétés physiques.

Il le rend plus léger, plus meuble, plus accessible aux influences atmosphériques en même temps qu'il retient une certaine quantité d'humidité.

Il est quelquefois important de constater la quantité d'humus contenue dans les végétaux. Les procédés simples que la science nous donne ne fournissent que des résultats approximatifs.

Le premier, c'est de prendre 100 grammes de terre desséchée, de les calciner dans un creuset chauffé au rouge, de peser ensuite. La différence vous indique la quantité d'humus ; c'est un des procédés les plus employés, mais il donne toujours un résultat plus fort que la réalité.

Un autre moyen consiste à faire bouillir 100 grammes de terre desséchée avec des cristaux de soude qui dissolvent l'humus, à filtrer la liqueur, et verser de l'acide hydrochlorique. L'humus se précipite, on le lave, on le sèche et on le pèse.

Ce procédé ne donne guère qu'un résultat approximatif, et il reste encore à la science bien des progrès à faire sur ce point pour obtenir une solution exacte.

8ᵉ LEÇON.

—

CONSTITUTION PHYSIQUE DU SOL.

Nous avons examiné, dans nos dernières séances, tous les corps qui font partie intégrante des sols ; j'ai cherché à vous faire comprendre le rôle chimique que chacun de ces corps semble exercer sur la végétation. Deux sols ayant exactement la même composition chimique auront-ils le même degré de fertilité? Évidemment oui, si l'on applique à ces sols le même mode de culture, s'ils sont placés sous les mêmes conditions atmosphériques, et si dans chacun d'eux les substances minérales qui les constituent présentent le même état physique et les mêmes chances d'assimilation. Mais si l'état physique des substances diffère, bien que les terrains soient placés sous les mêmes conditions atmosphériques, bien qu'ils aient une composition chimique identique, malgré même le mode de culture semblable, les sols peuvent présenter des degrés inégaux de fertilité.

Nous avons déjà vu que deux sols qui contenaient des quantités égales de calcaire n'étaient pas également fertiles, parce que ce calcaire ne s'y trouvait pas sous les mêmes états physiques et n'avait plus les mêmes chances d'assimilation.

Il vous sera facile de comprendre que si dans un sol vous trouvez le calcaire sous forme de petits fragments de pierre meulière (calcaire grossier), et que, dans un autre sol, vous ayez de la marne qui est un calcaire argileux divisé, quoique l'analyse constate dans ces deux terrains la même richesse en calcaire, l'action physique et chimique de ces deux corps sera bien différente : le calcaire en fragments ne divisera pas la terre comme la marne.

Le calcaire en fragments n'absorbera pas non plus l'eau comme la marne ; enfin comme le calcaire est insoluble et qu'il ne peut être assimilé qu'en étant dissous, le corps en fragments présentera beaucoup plus de difficultés pour la dissolution que le calcaire de la marne. Le sable à gros grain ne retient que 20 pour 100 d'eau, tandis que le sable fin en retient 30 pour 100. Deux sols contenant la même quantité de sable auront donc la propriété de pouvoir maintenir des quantités inégales d'eau.

Enfin vous comprendrez encore bien que la poudre d'os répandue sur un champ pourra plus facilement servir à la formation des graines que les os brisés en fragments, puisque, dans ces conditions, les os pulvérisés présenteront plus de chances à la dissolution et à l'assimilation.

Ces exemples vous démontrent l'intérêt qui s'attache à l'étude des propriétés physiques du sol.

Du reste, quelques-unes de ces propriétés n'ont point échappé aux cultivateurs intelligents ; car ils désignent quelquefois les sols par des noms qui les rappellent. Ainsi, par *terre forte* ils désignent une terre argileuse, difficile à travailler ; par *terre légère*, une terre sablonneuse, présentant peu de cohésion ; par *terre froide*, celle qui retient facilement l'eau, ou qui est soit blanche, soit crétacée.

Les propriétés physiques du sol les plus importantes sont :

La tenacité de la terre ;

La fraîcheur du sol ;

La facilité plus ou moins grande à s'échauffer.

TENACITÉ DE LA TERRE.

Une terre est dite tenace quand en général elle est difficile à travailler. C'est à l'argile qu'est dû cet état particulier qui la rend rebelle aux instrumens aratoires. M. Payen est le premier qui ait essayé de mesurer cette tenacité. Il prit de la terre, la mélangea avec de l'eau et en forma des boulettes de 30 millimètres de diamètre qu'il fit sécher. Dans ces conditions, la pression des doigts qu'il fallait exercer pour écraser les boulettes, exprimait la tenacité de la terre. M. Schubler mesure aussi par un moyen identique, mais qui présente plus de précision. Il prend une certaine quantité de terre, dont il fait une pâte avec de l'eau, puis il confectionne une brique que l'on dessèche à l'étuve. Lorsque la brique est desséchée, il en place les deux extrémités sur des supports, et il fixe au centre une ficelle à l'extrémité de laquelle est attaché un plateau de balance. Il charge la balance de poids jusqu'à ce que la brique se rompe. Le poids employé exprime la résistance à la rupture ; on le regarde comme mesurant la tenacité. Or, en opérant toujours dans les mêmes circonstances pour les diverses terres, et en représentant par 100 la tenacité de l'argile, il a dressé le tableau suivant :

<table>
<tr><td>Argile pure...........</td><td>100</td></tr>
<tr><td>Argile grasse..........</td><td>68,80</td></tr>
<tr><td>Argile maigre.........</td><td>57,40</td></tr>
<tr><td>Terre du Jura.........</td><td>22,00</td></tr>
<tr><td>Humus ....</td><td>8,70</td></tr>
<tr><td>Terre d'Hofaill.... ....</td><td>33,00</td></tr>
<tr><td>Terre de jardin........</td><td>7,60</td></tr>
<tr><td>Terre calcaire fine.....</td><td>5,00</td></tr>
<tr><td>Sable siliceux ....</td><td>0,00</td></tr>
<tr><td>Sable calcaire ....</td><td>0,00</td></tr>
</table>

En jetant un coup d'œil sur ces chiffres, il vous est facile de choisir vous-mêmes les corps qui pourront diminuer le plus la tenacité d'un sol, ce sont évidemment le sable et le calcaire, et, du reste, la pratique est venue démontrer la vérité des expériences scientifiques.

FRAÎCHEUR DU SOL.

Nous savons que de tous les besoins des végétaux, il n'en est pas de plus impérieux que celui de l'eau. Nous savons aussi que les terres qui, à 33 centimètres de profondeur, retiennent de 15 à 25 °/₀ d'eau en tout temps, sont dites *terres fraîches* ; celles qui, dans les mêmes conditions, n'en retiennent pas plus de 10 °/₀, sont dites *terres sèches*. Enfin, lorsque ce chiffre s'abaisse au-dessous de 10 °/₀ dans la couche de terre située à 6 centimètres de profondeur, les feuilles des végétaux commencent à jaunir. Il y a donc un intérêt pour l'agriculteur à connaître la quantité d'eau qu'un sol peut retenir.

Pour mesurer la fraîcheur d'un sol, on prend 20 grammes de terre desséchée à 40 degrés. On fait avec cette terre et de l'eau une pâte semi-liquide, puis on la jette sur un filtre mouillé dont on connaît le poids ; on laisse l'eau s'égoutter et, lorsqu'elle ne coule plus, on pèse de nouveau. La différence du poids que donne l'eau vous indique la quantité que la terre peut en retenir. Aussi nous avons pris :

<table>
<tr><td>Terre....................</td><td>20 grammes.</td></tr>
<tr><td>Le poids du filtre mouillé...</td><td>4 —</td></tr>
<tr><td>Total........</td><td>24 grammes.</td></tr>
</table>

Lorsque votre terre est imbibée d'eau, le poids total s'élève à 30 ; nos 20 grammes de terre ont donc retenu 6 grammes d'eau, soit 30 °/₀.

En faisant l'expérience sur 100 kilos de terre, M. Schubler a trouvé les résultats suivants :

<table>
<tr><td></td><td></td><td colspan="2" align="center">1 litre de terre
contient alors:</td></tr>
<tr><td></td><td></td><td align="center">EAU.</td><td align="center">TERRE.</td></tr>
<tr><td>100 kil. de sable siliceux absorbent.</td><td>25 kil. d'eau.</td><td>499 g.</td><td>1995 g.</td></tr>
<tr><td>—   Sable calcaire.........</td><td>29 — —</td><td>582 —</td><td>2031 —</td></tr>
<tr><td>—   Argile maigre.........</td><td>40 — —</td><td>682 —</td><td>1654 —</td></tr>
<tr><td>—   Argile grasse.........</td><td>50 — —</td><td>730 —</td><td>1464 —</td></tr>
<tr><td>—   Argile pure...........</td><td>70 — —</td><td>875 —</td><td>1251 —</td></tr>
<tr><td>—   Terre calcaire fine......</td><td>85 — —</td><td>808 —</td><td>950 —</td></tr>
<tr><td>—   Terre de jardin ....</td><td>89 — —</td><td>821 —</td><td>923 —</td></tr>
<tr><td>—   Humus...............</td><td>190 — —</td><td>935 —</td><td>493 —</td></tr>
</table>

En ajoutant maintenant l'eau contenue dans un litre, c'est-à-dire 499 avec 1,995, poids de la terre, on a la densité d'un litre de sable siliceux comprimé = 2494 grammes.

Mais en considérant ces chiffres, c'est moins aux nombres qu'il faut faire attention qu'au rapport qui existe entre eux, et le chiffre 190 pour l'humus vous indique de suite qu'une terre qui en contient, en proportion notable, doit retenir facilement l'eau nécessaire à la végétation.

HYGROMÉTRIE DES SOLS.

Indépendamment de l'eau qu'ils peuvent recevoir par les pluies, les sols jouisent encore de la propriété de pouvoir condenser eux-mêmes la vapeur d'eau qui existe dans l'air. Ils doivent cette propriété au plus ou moins de porosité des corps qui les constituent et à la présence de certains sels déliquescents, qu'ils contiennent.

Pour évaluer la propriété hygrométrique des sols, on prend 5 grammes de terre désséchée, que l'on étale sur une surface de 360 centimètres carrés, puis on l'expose pendant plusieurs heures dans une atmosphère chargée d'humidité.

C'est ainsi que 5 grammes des terres suivantes, placées dans les conditions ci-dessus, ont donné les résultats ci-après :

	En 12 heures.	En 24 heures.	En 48 heures.	En 72 heures.
	gr.	gr.	gr.	gr.
L'argile pure a absorbé en humidité..........	18 50	21	24	21
Argile grasse................	12 50	15	17	17 50
Argile maigre	10 50	13	14	14
Humus......................	40 »	48 50	55	60

On voit, d'après ce qui précède, qu'au fur et à mesure que l'absorption augmente, les terres perdent la propriété d'absorber de nouvelle eau. Cette absorption est généralement en rapport avec la faculté d'imbibition des terres ou leur fraîcheur.

POUVOIR ABSORBANT DE LA CHALEUR PAR LE SOL.

Il est quelquefois important pour l'agriculteur de savoir si tel terrain est froid ou chaud, c'est-à-dire quelle est la propriété qu'il possède de s'échauffer plus ou moins sous les rayons solaires. Cette propriété dépend et de la couleur du sol et aussi de sa fraîcheur. Cette question n'est pas encore entièrement résolue ; M. Schubler a seulement déterminé la température maximum des sols de cette manière :

Température maximum de la couche supérieure, l'air ambiant étant à 25 degrés.

	Absorption de la chaleur.			
Humus, couleur grise-noire............	Humide	39 75	Sec	47 37
Terre de jardin, grise-noire.........	—	37 50	—	45 25
Argile pure, grise bleuâtre	—	37 50	—	45 „
Argile grasse......................	—	37 25	—	44 50
Argile maigre, jaunâtre.	—	36 75	—	44 12
Sable calcaire, gris-blanchâtre......	—	37 38	—	44 50
Terre calcaire, blanche	—	35 63	—	43 „

Ces terres une fois échauffées ne mettent pas toutes le même temps à se refroidir jusqu'à 0°.

L'humus a mis... 1 h. 43 minutes.
Terre de jardin.. 2 — 16 —
Argile pure...... 2 — 19 —
Argile grasse.... 2 — 30 —
Argile maigre.... 2 — 40 —
Sable........... 3 — 17 —
Terre calcaire.... 2 — 10 —

Telles sont les propriétés physiques les plus importantes que j'avais à vous signaler.

Nous avons donc maintenant examiné les sols sous deux points de vue : l'état chimique, l'état physique.

Si donc votre sol est improductif et que l'analyse chimique constate qu'il y manque d'un ou de plusieurs éléments nécessaires au développement d'une récolte, l'addition des substances nécessaires soit en nature, soit à l'aide d'engrais riches de ces substances, rendra très-certainement votre sol productif.

C'est ainsi qu'un sol exempt de calcaire devient fertile par le chaulage ou le marnage ; qu'un sol qui manque d'alcalis, potasse ou soude, s'améliore par l'addition de cendres ou charrées qui en contiennent; qu'un sol dépourvu de phosphates, par suite de récoltes épuisantes, est fertilisé par l'addition d'os pulvérisés qui lui fournissent les phosphates si nécessaires à la formation des graines.

Si, au contraire, l'analyse constate que la composition chimique du sol est convenable, et que son infertilité dépend de l'état physique, des labours souvent répétés, qui mettent le sol en contact avec les agents atmosphériques, et l'addition de substances pouvant modifier la constitution physique, seront les meilleurs moyens d'augmenter la production de ce sol.

ANALYSE D'UN SOL.

Avant de commencer l'étude des engrais, il me reste à vous donner les moyens de faire l'analyse d'une terre.

Faire cette analyse complète, c'est rechercher chacun des corps qui la constituent ; c'est toujours une opération complète qui demande des connaissances chimiques assez étendues et la disposition d'un laboratoire bien pourvu d'ustensiles de chimie. Mais dans la généralité des cas, une vérification simple est suffisante pour estimer à peu près la valeur d'une terre. Rappelons-nous d'abord que les éléments premiers d'un terrain propre à la culture sont l'argile, la craie et le sable. Il faut, en outre, que ce terrain soit pourvu de phosphates, d'alcalis, *potasse* ou *soude*, et de matières organiques, terreau ou humus.

Or, si nous nous rappelons que tous les calcaires sont pourvus de phosphates (et ce ne serait qu'exceptionnellement qu'ils n'en contiendraient pas), la présence du calcaire pourra nous faire présupposer l'existence des phosphates.

Nous avons vu de même que toutes les argiles contiennent des alcalis, *potasse* ou *soude*, et que ce ne serait que par hasard ou par épuisement qu'elles n'en contiendraient pas ; donc la présence de l'argile fait présumer l'existence des alcalis.

Voici le résumé d'une simple analyse :

1° Rechercher la quantité d'humus ou terreau ;
2°   —   le calcaire qui nous indiquera la présence des phosphates;
3°   —   l'argile qui accuse la présence des alcalis;
4°   —   enfin le sable.

Ces opérations peuvent être accomplies par tout le monde.

Lors donc qu'on veut faire une analyse d'un sol, on commence par faire dessécher de la terre à 120 % ou 150 % jusqu'à ce qu'elle ne perde plus sensiblement de son poids. On la passe ensuite à travers un tamis pour la débarrasser des pierres, cailloux et autres débris végétaux trop volumineux. On conserve ensuite cette terre dans un flacon bouché pour servir aux expériences suivantes :

1° On prend 100 grammes de cette terre desséchée que l'on place dans un creuset chauffé au rouge pendant quelque temps ; puis on retire du feu et l'on pèse. La différence de poids indique les matières organiques et l'*humus* qui ont été détruits par la chaleur. On a pris 100 grammes, il ne reste plus que 94 grammes, donc on peut inscrire *humus* et matières organiques = 6.

2° Pour constater la présence du calcaire, on pèse 100 grammes de cette même terre desséchée que l'on traite par de l'eau aiguisée d'acide nitrique ; l'on jette sur un filtre qu'on lave avec soin, et dans la liqueur filtrée on ajoute de l'oxalate d'ammoniaque jusqu'à cessation de précipité. On recueille ce précipité, on le lave et ont le fait sécher avec soin, puis on le pèse.

Supposons qu'il pèse 8 grammes ; comme 1 gramme d'oxalate de chaux représente 0,62 de carbonate de chaux, les 8 grammes obtenus représenteront 4,96, soit 5 % ; on écrit alors carbonate de chaux 5 %.

3° Pour séparer maintenant l'argile d'avec le sable, on opère par le lavage. On pèse 100 grammes de terre desséchée, on l'humecte d'eau, puis on en ajoute une certaine quantité qu'on remue, et après quelques secondes de repos, on décante ensuite. En entraînant une certaine portion de l'argile et en réitérant un certain nombre de fois cette opération, on arrive à séparer complètement le sable de l'argile.

On recueille ce sable qu'on fait sécher et qu'on pèse.

Supposons que nous ayons 38 de sable, on écrit sable 38, et, ajoutant le poids des matières organiques 6 avec celui du calcaire 5, celui du sable 38, on aura pour total 49. La différence 51 pour aller à 100 nous indique l'argile, et on résume ainsi l'analyse :

Humus et matières organiques.	=	6
Carbonate de chaux.........	=	5
Sable....:	=	38
Argile......................	=	51

Total égal..... 100

Exemples des analyses de quelques terres :

TERRE A SEIGLE.

Sable	85
Argile	14
Humus	1
	100

Par Thaer et Einhoff.

TERRE DE PRAIRIES.

Sable	49
Argile	14
Calcaire	10
Humus	27
	100

Par Thaer et Einhoff.

RICHES TERRES A FROMENT.

Argile	74	81	79
Sable	10	6	10
Calcaire	4	4	4
Humus	12	9	7
	100	100	100

Par Thaer et Einoff.

ALLUVION DE LA LOIRE.

Sable	32
Argile	31
Sable calcaire	11
Carbonate de chaux	19
Matières organiques	7
	100

Par Girardin et Dubreuil.

RICHE TERRE A ORGE.

Sable	67
Argile	20
Calcaire	3
Humus	10
	100

Par Thaer et Einhoff.

TERRE DE BRUYÈRES.

Sable et argile	89
Matières organiques	11
	100

Par Berthier.

TERRE DE PUISEAUX.

Argile	54	70
Carbonate de chaux	37	00
Oxide de fer	2	00
Matières organiques	6	30
	100	00

Par Berthier.

ANALYSE COMPLÈTE DU TERREAU DU LUXEMBOURG.

Matières organiques	47	
Sable fin et argile	26	50
Silice gélatineuse	4	
Carbonate de chaux	14	
Magnésie	1	50
Phosphate de chaux	5	50
Phosphate de fer	1	50
	100	00

Dans la prochaine leçon nous commencerons l'étude des engrais.

9ᵉ LEÇON.

—

ENGRAIS.

THÉORIE GÉNÉRALE.

Après avoir étudié la composition chimique du sol et sa constitution physique, il nous faut examiner ces corps qui, sous le nom générique d'*engrais*, forment, avec les capitaux, le levier le plus puissant de l'agriculture.

Les engrais ne sont-ils pas pour l'agriculture ce que la houille est à l'industrie? à cette différence toutefois qu'en quelques instants l'industriel peut se renseigner sur la valeur de son combustible; tandis que la science n'a pas encore mis entre les mains de l'agriculteur un moyen facile et prompt d'estimer la valeur de ses engrais.

Nous savons que chaque récolte enlève au sol une certaine proportion de matières organiques et minérales, que l'atmosphère seule ne pourrait lui restituer. Nous pouvons donc dire qu'un sol, quelle que soit sa composition chimique, quelle que soit sa constitution physique, ne saurait donner longtemps des récoltes lucratives, si on ne lui rendait sous une forme quelconque les matériaux qui ont été pris par la récolte. C'est sous la forme d'engrais qu'on restitue ces substances à la terre épuisée. A une époque où l'on ne considérait les substances minérales contenues dans les récoltes que comme accidentelles, on ne désignait comme engrais que les matières organiques, et on réservait le nom d'amendements aux substances minérales que l'on mélangeait avec le sol; mais aujourd'hui que l'on a reconnu que les phosphates étaient tout aussi nécessaires à la formation des grains de blé que l'azote et l'acide carbonique, on a étendu la définition des engrais.

Un engrais, c'est toute substance, quels que soient son état physique et sa composition chimique, qui, mélangée au sol ou répandue à sa surface, peut réparer, conserver ou augmenter la fécondité de la terre. Dans ces conditions, le phosphate de chaux, les alcalis, potasse et soude sont aussi bien des engrais que l'azote et l'acide carbonique, puisque l'un et l'autre sont nécessaires au développement d'une récolte.

On ne réserve le nom d'amendements qu'aux corps qui, introduits dans un sol, ne doivent servir qu'à en changer la constitution physique. Ainsi, le sable apporté dans une terre fortement argileuse amende, modifie la constitution physique de cette terre.

Les engrais en général sont formés de débris de matières organiques soit végétales, soit animales, emportant avec eux tous les éléments minéraux qu'ils ont eux-mêmes conservés pour leur formation. Et ces corps suffisent généralement aux besoins des cultures ordinaires ; il n'y a guère que les cultures spéciales qui réclament l'emploi d'engrais spéciaux.

Avant de jeter un coup d'œil sur la composition de toutes les substances que l'agriculture et l'industrie emploient pour la confection des engrais, je vais d'abord appeler votre attention sur les transformations générales que ces substances vont éprouver. Pendant leur vie, les végétaux et les animaux, sous mille formes différentes, absorbent pour leur nutrition, et condensent pour leur développement, un certain nombre de substances qui leur sont apportées par leur nourriture. A la fin de leur vie, toutes ces matières abandonnées aux lois ordinaires de la nature vont se décomposer, et c'est dans un état de décomposition plus ou moins avancé qu'elles pourront servir à nourrir des plantes et deviendront alors des *engrais*.

Pour bien comprendre ce qui se passe dans la décomposition des matières organiques, il faut rapporter à trois types distincts par leur composition tous les corps qui forment l'organisme végétal ou animal :

1° Substances carbonées, substances ternaires formées de trois éléments : O. H. C.

2° Substances carbonées et azotées formées de quatre éléments : O. H. C. Az.

3° Substances minérales phosphatées, sulfates, calcaires.

O. Oxigène.

H. Hydrogène.

C. Carbone.

Az. Azote.

Recherchons les produits auxquels chacun de ces corps, abandonnés aux lois ordinaires de la décomposition, va donner lieu :

Prenons d'abord une substance carbonée ternaire, dont vous pouvez vous faire une idée, par le ligneux qui forme la partie herbacée des végétaux. Abandonné à lui-même à une température de 10 degrés, en présence de l'air et de l'humidité, il va se décomposer ; l'humidité va gonfler son tissu, l'oxigène de l'air va être absorbé, et d'après sa composition, que je vous représente ici pour l'intelligence, H. C. O, en absorbant deux équivalents d'oxigène, il deviendra HO, CO^2, c'est-à-dire il donnera naissance à de l'eau et à de l'acide carbonique, deux corps qui jouent un grand rôle dans l'alimentation du végétal. Tel est le produit ultérieur de la décomposition des matières carbonées.

Si maintenant nous prenons une substance quaternaire, que je puis vous représenter par du sang ou de l'urine, et que nous la placions dans les mêmes conditions d'humidité et de chaleur, la décomposition marche plus rapidement. Il semble que l'azote, par sa présence, active cette réaction. L'oxigène est absorbé, et nous aurons, comme produit de la décomposition, encore de l'eau, de l'acide carbonique, mais en plus de l'ammoniaque. Cette réaction peut se représenter ainsi : H^4. Az. C. O. $+ O^2 = HO$, Az H^3, CO^2. Tels sont donc les produits de la décomposition des matières organiques, de l'eau, de l'acide carbonique, de l'ammoniaque. Mais avant d'arriver à ce résultat, la matière organique change de forme et d'état, passe par certains degrés intermédiaires ; d'insoluble qu'elle était, elle peut devenir soluble et donner naissance à ce corps qui paraît si nécessaire, l'humus, produit de la décomposition du bois ramené à l'état soluble. Ce dernier à son tour pourra donner naissance à d'autres bois, à d'autres tiges, et prouver, comme nous l'avons dit plus haut, qu'une génération qui s'éteint est une génération qui commence.

Si maintenant nous agissons sur des masses considérables de ces substances mélangées, la même décomposition s'effectuera.

Comme il n'y a pas de réactions chimiques sans production de chaleur, la masse s'échauffera ; la chaleur produite facilite encore la décomposition et la déperdition du carbonate d'ammoniaque, corps qui est si nécessaire à l'agriculture. La présence de certains corps accélère encore cette décomposition; d'un autre côté les alcalis favorisent singulièrement la décomposition organique, et ce fait est si bien connu pour la chaux, que certains industriels ou cultivateurs, dans la préparation de leurs engrais, stratifient les matières organiques avec de la chaux, pour en faciliter la désagrégation. Cette mesure, si elle était employée avec intelligence, produirait peut-être de bons résultats ; mais, en général, elle cause la déperdition de l'ammoniaque, c'est-à-dire de ce corps qui peut présenter l'azote sous la forme la plus convenable pour l'assimilation des plantes.

Pour nous convaincre que cette réaction est bien exacte, il nous suffit ici de mêler une substance, de la poudrette, par exemple, qui contient de l'ammoniaque ou du carbonate d'ammoniaque avec de la chaux, et il se dégage alors du gaz ammoniaque reconnaissable toujours avec un papier de tournesol rougi qui redevient bleu.

Tout agriculteur ou marchand d'engrais, disposant de quantités notables de matières organiques qu'il voudra transformer en engrais, ne doit employer la chaux qu'avec la plus grande réserve ; il doit, en outre, chercher à éviter l'élévation de la température, par de l'eau qui tient en dissolution du sulfate de fer et du plâtre, pour éviter la déperdition de l'ammoniaque en le transformant en un sel fixe, soluble, *sulfate d'ammo-*

niaque. On doit aussi ne point perdre de vue la composition du fumier qui forme un engrais complet, et chercher par des additions à ramener les engrais à un état de composition chimique voisin du fumier.

Quant aux matières minérales qui se trouvent contenues dans toutes les parties des matières organiques en décomposition, sans que nous connaissions bien les métamorphoses qu'elles peuvent subir, tout nous fait supposer que, sous l'influence de cette décomposition, elles sont divisées à l'infini et qu'elles subissent quelques changemens de formes pouvant les préparer à une assimilation facile en les rendant solubles. Si maintenant nous considérons que chaque végétal emprunte une partie de sa nourriture au sol, que les animaux herbivores tirent leur nourriture du végétal et que l'homme vit tout à la fois de chair de l'herbivore et des plantes du sol, il sera très-facile de comprendre que chacune des parties de tous ces êtres, y compris leurs déjections solides et liquides, devront être pour le sol de précieux engrais, puisque dans chacune de ces conditions chaque élément pris au sol lui sera rapporté avec toutes les chances d'une assimilation facile. Peut-il y avoir pour la vigne un meillenr engrais que le marc du raisin et les cendres du sarment ? Ces deux corps, en effet, ne représentent-ils pas tous les principes que le développement de la vigne a enlevés au sol ?

Les déjections solides et liquides d'un animal qui se sera nourri de certaines plantes ne seront-elles pas aussi l'engrais qui conviendra le mieux à ces plantes ? Le fumier des porcs, que l'on a nourris de pommes-de-terre et de pois doit être le meilleur engrais des pommes-de-terre et des pois. La vache nourrie de foin et de betteraves donne un engrais qui contient toutes les substances minérales nécessaires au foin et à la betterave. L'homme qui se nourrit des céréales fournit, par ses déjections, l'engrais le plus convenable à la culture de ces plantes.

L'engrais qui nous servira de base, de type dans toutes nos évaluations, c'est le fumier dont l'usage, consacré par l'expérience, fait qu'il n'y a plus de mécomptes à craindre dans son emploi. Cependant, le fumier, selon les litières qui ont servi à sa préparation, selon la nourriture des animaux, peut avoir une valeur agricole différente, et celui qui nous servira de type est un fumier mélangé. M. Boussingault a pris pour modèle un fumier produit par trente chevaux, trente bêtes à cornes et seize porcs. Ce fumier, par sa composition que nous étudierons plus tard, représente en effet les éléments les plus nécessaires à l'alimentation des récoltes, et si la somme répandue sur un hectare de terre ne contient pas exactement tous les éléments d'une récolte, on peut dire cependant qu'il n'est dépourvu d'aucune de ces substances. Quoi de plus rationnel que de rendre au sol sous forme de fumier tous les éléments nécessaires aux besoins d'une récolte. Le fumier est en outre un engrais complet, mais mixte, c'est-à-dire un mélange de substances froides et chaudes. Il possède, plus que tous les autres engrais, l'avantage d'ameublir la terre, de la diviser, de la rendre plus facilement perméable aux agents atmosphériques et apporte tous les éléments des récoltes les plus usuelles. Mais pourtant il existe pour le fumier quelques défauts que je dois vous signaler : 1° C'est d'être encombrant et d'exiger par cela même un emplacement considérable ; 2° d'être gorgé d'eau aux trois quarts de son poids et de représenter sous un volume énorme peu de matières fertiles. Il exige par cela même des frais plus considérables pour son transport dans les champs.

Malgré les inconvénients que je viens de vous signaler, le fumier est et restera longtemps l'engrais par excellence ; mais la production de ce précieux agent de fertilisation est limité et ne peut suffire aux besoins de l'agriculture. Celle-ci est donc obligée, par compensation, de réclamer à l'industrie des engrais qui ne sauraient satisfaire aux besoins complets d'une récolte, par cela même, qu'en général, ils n'en contiennent pas toujours tous les éléments. Mais ils ont, quand ils sont bien préparés et que l'on a à faire à un marchand consciencieux, l'avantage de représenter, sous un petit volume, un dosage assez considérable des substances les plus nécessaires aux besoins agricoles. Or, comme engrais complémentaire, ces corps rendent tous les jours de grands services à l'agriculture.

DIVISION DES ENGRAIS.

Quoiqu'il soit impossible d'établir pour les engrais une division mathématique, on a pourtant cherché à les classer d'abord par la manière dont ils semblent se comporter dans les sols. On les a divisés, à ce point de vue, en engrais chauds et en engrais froids.

Les engrais chauds	*Les engrais froids*
Sont :	Sont :
Les déjections solides et liquides des animaux,	Les pailles,
Guanos,	Chiffons et déchets de laines,
Poudrette,	Cheveux,
Sang,	Cornes,
Chairs,	Ergots,
Cretons,	Os,
Tourteaux ou mares de graines,	Rognures de cuir,
Sels azotés, ammoniacaux, et nitrate,	Poils,
Eaux ammoniacales.	Sabots,
	Plumes et crins.

Si nous acceptons cette division, nous trouvons encore que le fumier est un engrais complet, puisqu'il est formé des déjections des animaux et de pailles qui les ont absorbées. Il est donc tout à la fois un engrais *froid et chaud.*

Les engrais chauds ainsi appelés, parce qu'ils se décomposent rapidement, perdent probablement une certaine partie de leur azote ; mais ils ont la propriété de donner une impulsion vive à la végétation. Les engrais froids se décomposent lentement et s'ils ne rencontrent pas dans le sol les éléments nécessaires pour faciliter leur décomposition, ils peuvent ne pas fournir aux plantes, dans un temps donné, tous les éléments dont elles ont besoin. Aucun de ces engrais employé isolément ne saurait être complet; mais employés avec discernement, tous sont aptes à rendre de grands services à l'agriculture. Ils possèdent tous, en effet, une valeur agricole incontestable.

Une autre classification nous est indiquée, au moyen des résultats sanctionnés par la pratique agricole. Si par exemple nous prenons un sol formé de silice et d'alumine, contenant des sels de potasse, mais exempt de calcaire, il est certain que dans ce sol les engrais calcaires, renfermant une certaine quantité d'acide phosphorique y réussiront à merveille, surtout si leur division est convenable et que des matières organiques puissent favoriser leur assimilation. Tel est dans l'ordre géologique la composition des terrains de transition de l'Ouest de la France. Aussi, l'expérience pratique s'est prononcée, et sur ces terrains, les engrais calcaires et phosphatés, non animaux, produisent les meilleurs résultats.

Si, au contraire, vous prenez un sol calcaire contenant à la fois de la silice, de l'alumine, des alcalis et de l'acide phosphorique, les engrais phosphatés seront presque inutiles ; mais ces terrains réclament des engrais azotés. De là la division des engrais en :

Engrais phosphatés,	*Engrais azotés,*
Qui sont :	Qui sont :
Noir animal,	Fumier, poudrette,
Noir de raffinerie,	Sang,
Poudre d'os,	Urines,
Marne,	Chair,
Guano,	Tourteaux, Colombine,
Correspondant aux besoins	Guano,
des terrains silico-alumineux	Correspondant aux besoins
exempts de calcaires.	des terrains calcaires.

Cette division est plus rationnelle ; elle est établie sur la composition des engrais relatifs aux besoins des sols.

VALEUR DES ENGRAIS.

Pour déterminer la valeur des engrais, il nous faut considérer deux choses importantes : la valeur productive ou agricole ; la valeur vénale ou commerciale. — La valeur agricole, c'est la quantité en sus du produit obtenu par l'addition, sur un sol, d'une quantité déterminée d'engrais, déduction faite de la semence. Cette valeur est toujours en raison directe de la somme des principes fertilisants contenus dans l'engrais. Or, ces principes fertilisants se résument par deux mots : *ammoniaque* et *phosphate* ou *azote* et *acide phosphorique*, corps qui nous paraissent le plus nécessaires pour la formation des graines, but vers lequel tend l'agriculture. — La valeur agricole établie pour le fumier par les maîtres de l'agronomie est basée sur les chiffres suivants :

1,000 kilogr. de fumier, déduction faite de la paille et de la semence ont donné :

<pre>
D'après Gasparin...... 100 kilos de blé.
        Thaer........   76
        Burger.......   82
        Kressig......   87
</pre>

Telle serait alors la valeur productive du fumier, et cette valeur est toujours au-dessous du produit calculé d'après l'analyse du fumier.

Car si nous recherchons quelle serait la valeur agricole du fumier d'après sa composition, nous verrions d'abord que nos 1,000 kilogrammes de fumier représentent 4 kil. d'azote, c'est-à-dire 4 kil. 800 d'ammoniaque que contient l'azote, de plus 2 kil. d'acide phosphorique représentant 4 kilos 335 de phosphate de chaux, Or, puisque 100 kilogrammes de blé enlèvent par leur grain et leur paille 3 kilos d'azote, nos 1,000 kilogrammes de fumier devront nous donner, par leur azote, 133 kilogrammes de blé, grain et paille. — De même, 100 kilos de blé, paille et grain enlevant 1 kil. 620 d'acide phosphorique, qui représenterait 3,500 de phosphates, nos 1,000 kilogrammes de fumier nous donneraient, dans les mêmes conditions, 120 kilos de blé, grain et paille. Il est facile de comprendre qu'on ne saurait obtenir un pareil résultat, puisque l'expérience prouve que tout l'engrais n'est point utilisé, et qu'il en reste toujours dans le sol après la récolte.

VALEUR VÉNALE OU COMMERCIALE.

Bien qu'il soit très-difficile d'établir d'une manière rigoureuse le prix d'un engrais, parce que dans les engrais commerciaux les substances peuvent s'y trouver dans des conditions qui présentent aux récoltes des chances différentes à l'assimilation, tâchons d'établir des règles qui devront servir de guide dans l'acquisition d'un engrais.

La valeur vénale d'un engrais se déduit de sa composition chimique vérifiée par l'analyse, en prenant pour base la valeur vénale du fumier et sa composition chimique.

Nous venons de voir que 1,000 kilogrammes de fumier contiennent 4 kilos d'azote et 4 kil. 335 de phosphates. Quelle est la valeur vénale du fumier? Les agronomes ne lui donnent pas tous la même valeur numéraire.

Mathieu de Dombasle estimait à .   6 f. 70 c.

De Gasparin.................   6   66

Girardin....................   6   25

Rudolfi.....................   6   80   les 1,000 kil.

Boussingault................   5   20

On l'estime à Roville.........   7   80

Et à Grignon................ 10   90

Il vous est facile de comprendre que les chiffres peuvent varier, car la production est intimement liée à la manière dont le cultivateur nourrit son bétail, et au profit qu'il peut en retirer, soit comme produit, soit comme travail. Mais, dans notre département, les renseignements que j'ai pu recueillir m'ont donné comme valeur vénale du fumier le chiffre de 8 fr. les 1,000 kilos, pris dans la cour de la ferme, et 10 fr. les 1,000 kilos conduits et rendus sur les champs. Or, en prenant le chiffre de 10 fr. les 1,000 kilos, nous aurons pour 10 fr. :

$$4 \text{ kilos azote à.....} \quad 2\,f.\,25\,c. \text{ le kilo} = 9$$
$$4 \text{ kilos phosphate à} \quad 0 \quad 25 \quad — \quad = 1$$
$$\text{Total...........} \quad 10$$

Total égal au prix du fumier. Ces chiffres qui ne sauraient être invariables sont à peu près ceux qui doivent vous servir de guide dans l'acquisition d'un engrais. A l'aide de ces chiffres vous pourrez donc évaluer facilement, d'une manière approximative, l'engrais qui vous sera présenté à l'acquisition, en tenant compte, bien entendu, de l'analyse que le vendeur doit toujours vous garantir. Car, si un marchand d'engrais vous offre un engrais quelconque, et dont il vous garantisse la composition, représentée par 5 0/0 d'azote et 20 0/0 de phosphate, le prix approximatif sera donc

$$5 \text{ d'azote à........} \quad 2\,f.\,25\,c. \quad = 11 \quad 25$$
$$20 \text{ kilos phosphate à} \quad 0 \quad 25 \quad = 5 \quad »$$
$$\text{Total........} \quad 16 \quad 25$$

Tel serait le prix de 100 kilos d'un pareil engrais dans notre département relativement au fumier.

Un autre point sur lequel je dois encore insister est celui-ci : autant que possible achetez les engrais au poids et non à la mesure ; car l'analyse chimique ne porte que sur des poids et non sur des volumes, et si vous achetez à l'hectolitre, assurez-vous du poids de l'hectolitre.

Si l'on vous vend à l'hectolitre un engrais qui dose en poids 5 0/0 d'azote, il est évident que si l'hectolitre pèse 80 kilos, votre hectolitre contiendra 4 kilos d'azote. Mais si, au contraire, l'hectolitre ne pèse que 50 ou 60 kilos, bien que l'analyse constate 5 0/0 d'azote, il est évident, dans ces conditions, que, pour le même prix de l'hectolitre, vous n'aurez que 2 kilos 500 ou 3 kilos d'azote au lieu de 5 0/0.

CONSEILS A L'AGRICULTURE.

L'agriculteur ne doit point reculer devant l'usage des engrais commerciaux, lorsque la valeur agricole lui en sera garantie par l'analyse ; mais il ne faut jamais les employer que comme engrais complémentaires, à moins qu'ils ne soient spéciaux à une culture spéciale. Ces engrais en général ne représentent qu'une partie des besoins nécessaires à l'alimentation des récoltes; il ne faut acheter ces engrais, autant que possible, qu'au poids, et dans le cas d'acquisition à l'hectolitre, se rendre compte du poids de l'hectolitre.

Enfin, n'acheter ces engrais que sur une analyse garantie, et lorsqu'un acheteur voudra faire vérifier par l'analyse la valeur de son engrais, prendre un échantillon dans plusieurs endroits de la quantité livrée, bien mélanger les divers échantillons, afin d'obtenir une moyenne, et les livrer ensuite à l'analyse.

En vous adressant ici ces conseils, mon but est de donner satisfaction au commerce loyal et honnête des engrais, tout en veillant aux intérêts si chers de l'agriculture.

10ᵉ LEÇON.

ENGRAIS (suite).

FUMIER.

Dans notre dernière séance, nous avons examiné d'une manière générale comment se comportaient les engrais ; nous allons aujourd'hui nous occuper du plus puissant agent de fertilisation que possède l'agriculture, c'est-à-dire le fumier. C'est l'ancre de salut du cultivateur et sa confection forme la base fondamentale de l'agriculture.

Le fumier est un engrais complet, mélange d'engrais chauds (déjections des animaux) et d'engrais froids, tels que les pailles des céréales. Il convient, en général, à toutes les cultures , et si l·, quantité répandue sur la surface d'un hectare de terre ne contient pas la totalité des éléments dont se nourrit une récolte , c'est que cette quantité n'est pas suffisante. En effet, il n'y manque aucun des éléments qui conviennent à l'assimilation des végétaux.

Si donc la somme du fumier produit par l'agriculture était suffisante, le cultivateur n'aurait jamais besoin , que pour les cultures spéciales , de recourir à l'industrie. Mais les chiffres que je vais mettre ici sous vos yeux vont vous démontrer l'insuffisance de ce précieux agent de fertilisation.

La surface livrée en France à l'agriculture est environ de 30 millions d'hectares , et la quantité de fumier produite est de 916,390,656 quintaux métriques. Or, si nous calculons sur une fumure qui ne devrait jamais être moindre de 100 quintaux métriques ou 10,000 kilos par an pour un hectare, il nous faudrait , pour donner une fumure égale à celle indiquée, 2,842,114,700 quintaux métriques. La statistique constate , en outre, que si rien de la quantité des pailles n'était perdu, la production pourrait égaler le chiffre suivant : 1,283,164,115 quintaux métriques. Dans ces conditions, qui sont les plus favorables , il y aurait toujours un déficit de 1,558,950,583 quintaux métriques.

En rapprochant ces chiffres nous avons :

Quantité produite................	916,390,656 qx m.
Quantité nécessaire..............	2,842,114,700 —
Déficit....	1,926,124,044 qx m.

Admettons même que toutes les pailles soient employées jusqu'à donner le résultat de tout-à-l'heure, savoir : 1,283,164,115, il y aurait encore avec ce chiffre maximum une différence entre la quantité nécessaire et la quantité produite.

Ainsi :	2,842,114,700 qx m.
	1,283,164,115 —
Déficit.....	1,558,950,585 qx m.

c'est-à-dire la moitié à peu près de ce qui est nécessaire à l'agriculture. Pour combler ce déficit , l'industrie agricole est donc obligée de recourir annuellement, pour des sommes assez considérables, aux engrais commerciaux. Ces chiffres nous démontrent clairement tout l'intérêt qui s'attache à la bonne préparation du fumier, à la conservation de tous ses principes fertilisants et à la recherche de tous les moyens qui peuvent en augmenter la quantité.

Le fumier, tout le monde le sait , est un engrais mixte formé de pailles ou litières , auxquelles on fait absorber les déjections solides et liquides des animaux.

La valeur du fumier dépend donc 1° de la richesse en principes fertilisants des corps qui servent de litière; 2° de la richesse en principes fertilisants des déjections des animaux.

Mais comme le fumier est en général un mélange de litières, de déjections d'espèces animales différentes, nous pouvons donc admettre que sa valeur dépend aussi de tous les soins apportés à sa confection et à sa conservation. La confection du fumier est une annexe obligée de toute entreprise agricole. Dans cette industrie , les bestiaux sont les machines ; la nourriture et les litières sont les matières premières , et le produit c'est le fumier ; de plus , les autres valeurs obtenues sont la viande , les laines , le lait et les services rendus par les animaux dans les travaux de toute sorte.

EXAMEN DES MATIÈRES QUI SERVENT A LA CONFECTION DU FUMIER, LITIÈRES ET DÉJECTIONS DES ANIMAUX.

Litières.

On emploie depuis longtemps comme litières des pailles, des feuilles. Dans cet emploi, on a pour but, tout en augmentant la masse du fumier, d'obtenir, au moyen de ces corps spongieux ou fistuleux, des récipients qui peuvent absorber facilement les déjections solides ou liquides. Ces litières sont aussi préparées pour procurer aux animaux un coucher doux et agréable.

Elles sont de natures différentes, et leur composition, si le fumier était préparé seulement avec quelques-unes d'entre elles, donnerait des fumiers de richesse variable. Ainsi, par exemple :

Paille de blé.

A l'état normal.		*A l'état sec ou desséché à 100 degrés.*	
1,000 grammes donnent :		1,000 grammes donnent :	
Eau	260	Carbone	484 3
Mat. org. comb.	684 42	Hydrogène	53 1
Cendres	55 58	Oxigène	389 4
		Azote	3 5
		Cendres	69 7
	1,000 00		1,000 0

Les cendres sont riches en silice, potasse et chaux. Or, en tenant compte du principe fertilisant, l'azote, nous trouvons qu'à l'état sec 1,000 grammes de paille contiennent 3,50 d'azote ; à l'état où on l'emploie comme litière, il y aurait 2,59 d'azote. 100 kilos de paille représentent 259 grammes d'azote, et ces 259 grammes peuvent fournir assez d'azote pour 8 kilogrammes 633 grammes de blé, muni de sa paille.

Paille d'avoine.

A l'état normal, 1,000 grammes :			1,000 grammes à l'état sec :		
Eau	287		Carbone	500	9
Mat. organ.	673	71	Hydrogène	54	
Cendres	39	29	Oxigène	390	4
			Azote	3	8
	1,000	00	Cendres	50	9
				1,000	0

Cette paille est un peu plus riche en azote que la paille du blé ; les cendres sont aussi riches en potasse, silice, chaux.

Paille d'orge.

1,000 grammes à l'état normal :

Eau	167
Matières organ. et comb	791
Cendres	42
	1,000

La paille d'orge contient 2,5 d'azote à l'état normal pour 1,000, et à l'état sec 3 millièmes.

Paille de seigle.

1,000 grammes donnent :		1,000 grammes à l'état sec :		
		Carbone	498	8
813 parties de mat. org.		Hydrogène	55	8
187 parties d'eau.		Oxigène	405	6
		Azote	3	0
1,000		Cendres	36	8
			1,000	0

La paille dose, à l'état sec, 3 millièmes d'azote et 2,43 millièmes à l'état normal.

Paille de sarrasin.

1,000 grammes :

Eau	116
Matières organiques	852
Cendres	32
	1,000

A l'état normal, 4,80 d'azote; à l'état sec, 5,40 d'azote.

Les pailles de sarrasin sont donc plus riches en azote que les céréales ; les cendres sont remarquables parce que l'on y rencontre une quantité notable de magnésie.

Paille de Colza.

Privés de leurs cosses, 1,000 grammes contiennent :

Eau	121	50
Matières organiques.	815	14
Cendres	63	36
	1,000	00

Azote à l'état normal : $= 4,30$ d'après Isidore Pierre.

Selon M. Boussingault, les pailles de colza seraient bien supérieures comme fourrages et comme engrais à celles des céréales. Il y a trouvé 7,50 d'azote à l'état normal, 8,60 à l'état sec.

Fanes de Pommes-de-terre.

1,000 grammes contiennent :

Eau	760
Matières solides	240
	1,000

1,000 grammes à l'état sec contiennent :

Carbone	448
Hydrogène	51
Oxigène	305
Azote	23
Cendres	173
	1,000

Au moment de la récolte, 1,000 grammes donnent :

En azote	5	50
Desséchées à l'air	20	20
Desséchées complètement	23	00

Si nous rangeons maintenant ces pailles d'après leur valeur agricole, nous aurons les séries suivantes :

Pour l'azote.	Pour l'acide phosphorique.	Pour les alcalis.
Colza.	Colza.	Colza.
Pomme-de-terre.	Sarrasin.	Avoine.
Sarrasin.	Froment.	Sarrasin.
Avoine.	Seigle.	Froment.
Froment.	Avoine.	Orge.
Orge.	Orge.	Seigle.
Seigle.		Pomme-de-terre.

Réfléchissons maintenant à ce que je viens de vous dire, et nous verrons que les céréales, employées comme litières le plus ordinairement, sont les moins riches ; mais elles ont l'avantage de procurer aux animaux un coucher préférable ; elles peuvent, en outre, doubler de poids par l'absorption des déjections des animaux. Les autres pailles de colza, de sarrasin et de fanes de pommes-de-terre sont rugueuses; aussi sont-elles peu employées. Dans certaines localités, on va jusqu'à brûler sur les champs les pailles de colza. Certes, par ce moyen, on conserve bien la partie minérale ; mais on perd inutilement les 5 ou 6 millièmes d'azote qu'elles contiennent et dont la valeur agricole est encore quelque chose. Ne pourrait-on pas en tirer un meilleur avantage, en les faisant écraser et en s'en servant pour le fond des fosses à fumier ou pour garnir le sol des étables ? Je laisse ces expériences aux soins de l'agriculteur praticien.

La quantité de litière à donner est à peu près égale au poids de la nourriture pour le cheval ; elle doit être plus considérable pour les races bovine et porcine, surtout lorsqu'on les soumet au régime vert. Si les pailles venaient à manquer on pourrait les remplacer par des gazons, des feuilles, qui n'ont pas la propriété absorbante des céréales ; mais qui sont plus riches en azote. Enfin, dans certaines localités, on s'est servi comme litières de matières terreuses.

Litières terreuses.

Nous venons de voir que ce qui avait fait préférer les pailles comme litières, c'était leur propriété absorbante et l'avantage qu'elles ont de procurer aux bestiaux un coucher agréable en même temps qu'elles n'ont pas la propriété de s'attacher à leurs poils ; mais comme on a employé dans certaines localités des litières terreuses qui ne sont autres que des terres argileuses ou calcaires, nous devons en dire quelques mots dans cette leçon.

Les avantages que l'on peut obtenir avec ces litières sont de pouvoir les faire servir comme correctifs de la constitution physique et chimique du sol : et, lorsqu'elles sont sèches, d'absorber facilement les déjections liquides des animaux; et ces liquides, ainsi soustraits au contact de l'air, n'entrent pas si facilement en décomposition. Il est facile de s'en assurer, en entrant dans des étables qui contiennent des terres pour litières, on n'y sent pas d'odeurs insalubres comme dans les autres ; mais leur emploi demande un soin tout particulier ; car si ces litières venaient à s'imbiber trop, elles seraient pour les bestiaux une cause de malpropreté dégoûtante. Leur emploi pourrait encore permettre aux cultivateurs la vente de leurs pailles. **M.** Malingié prétend qu'il se trouve très-bien de leur emploi, et **M.** Block, cultivateur en Silésie, estime que, par ce moyen, il obtient 8 à 10 voitures de bon engrais par tête de gros bétail, dans le système de stabulation permanente. Mais on a fait à leur emploi de sérieuses objections : d'abord, ces terres, selon **M.** Boussingault, n'auraient pas une faculté d'imbibition aussi grande que les pailles. Ainsi 100 kilos de chacune des substances suivantes ont retenu en eau après vingt-quatre heures d'imbibition :

```
100 kilos paille de froment..........  220 kilos d'eau.
     —      Paille d'orge .............  285      —
     —      Paille d'avoine............  228      —
     —      Paille de colza...........   200      —
     —      Feuilles de chêne tombées.  162      —
     —      Bruyères .................   100      —
     —      Sable quartzeux...........    25      —
     —      Marne.....................    40      —
     —      Terre végétale séchée à l'air
            libre....................     50      —
```

Il résulte de ces chiffres que pour égaler le pouvoir d'imbibition de 100 kilos de paille de froment, il faudrait :

```
880 kilos de sable.
550 de marne.
440 de terre végétale sèche.
```

En outre, leur extraction serait coûteuse ; il faudrait toujours les tenir à l'état sec, et si le cultivateur vendait ses pailles, il exporterait, de plus, une certaine quantité de principes minéraux et organiques nécessaires à son sol. C'est déjà beaucoup d'exporter par ses graines une certaine quantité de phosphate de chaux et d'alcalis.

DÉJECTIONS DES ANIMAUX.

Les corps qui avec les litières forment le fumier, sont les déjections des animaux que nous diviserons en deux catégories. Les déjections liquides ou urines, et les déjections solides, plus connues sous le nom de *Bouses* ou de *Crottins*.

La valeur agricole du fumier dépend plutôt des déjections des animaux que des litières qui sont toujours moins riches en principes fertilisants.

Avant d'examiner la composition de ces différentes déjections, cherchons à nous rendre compte de ce que devient la nourriture prise par l'animal. Rappelons-nous d'abord, qu'un animal dont la croissance est achevée et qui reçoit pour nourriture une ration régulière, revient tous les jours à la même heure, au même poids. Dans ces conditions, ses déjections représenteront exactement toute la valeur agricole que sa nourriture contient, au point de vue de l'azote et des substances minérales. Dans le jeune âge, au contraire, il assimilera pour son développement plus qu'il ne rend, et ses déjections ne contiennent pas tout ce qu'il prendra. Dans la vieillesse, comme généralement l'animal maigrit, il rend dans ses déjections plus qu'il ne prend. Prenons-le à l'époque où sa croissance est achevée et examinons ce que devient sa nourriture. Pour cela, jetons au ratelier 100 kilos de betteraves et examinons-en la composition, en cherchant ce que va devenir chacune des substances contenues dans les 100 kilos.

100 kilos de betteraves contiennent :

	k.	
Sucre	8	"
Albumine	1	300
Matière grasse	0	100
Cellulose ou ligneux	2	100
Phosphates et sels	0	700
Eau	87	800
	100	000

Que deviennent toutes ces substances ?

Les 8 kilos de sucre, matière organique non azotée, sont brûlés par la respiration et maintiennent la chaleur animale. Ensuite ils retournent à l'atmosphère sous forme d'acide carbonique. Perte pour la fosse à fumier.

Le kilo 300 gr. albumine, matière azotée, va être assimilé, et, pour chaque molécule assimilée, il s'en détachera une de formation ancienne, qui, transformée en *urée*, s'échappera par les urines et formera plus tard, en se décomposant, de l'ammoniaque. La presque totalité de l'albumine retournera au fumier.

Les 100 grammes de graisse seront ou brûlés ou fixés dans l'organisme par la respiration. Perte pour la fosse à fumier.

Les 2 kilos 100 de cellulose n'éprouveront aucun changement et se trouveront dans les déjections solides, ou ils retourneront au fumier. Bénéfice pour la fosse à fumier.

Les 700 de sels se diviseront les uns en solubles, qui pourront passer dans l'économie et s'échapperont à l'état de dissolution dans les urines ; les autres, insolubles, accompagneront les excréments solides. Encore bénéfice pour la fosse à fumier.

Enfin les 87 800 d'eau agiront comme la boisson ; une partie s'échappera par la transpiration pulmonaire et cutanée, le reste sera évacué par les urines et les excréments. Bénéfice partiel pour la fosse à fumier.

C'est donc lorsque l'animal est soumis à une ration d'entretien qu'il fournit le fumier le plus riche, puisque dans ces conditions toute sa nourriture, moins les matières carbonées, retourne au fumier, et tout l'azote à l'état d'*urée* dans les urines, ou à l'état de bile dans les excréments ; mais il n'en saurait être de même dans l'engraissement du bétail, ni dans la production du lait.

Si maintenant nous prenons un cheval adulte soumis à une même ration d'entretien, et que nous tenions compte seulement des substances minérales, nous trouvons que le cheval nourri avec 2 kilos 500 d'avoine, contenant 4 0/0 de cendres, et 7,500 de foin, donnant 9 0/0 de cendres, produit dans ses déjections solides et liquides 775 grammes de matière minérale, chiffre pareil à celui qui est absorbé.

Il ressort de ce que je viens de vous dire que les déjections des animaux sont de bons engrais, que les déjections liquides sont plus riches en azote que les déjections solides, et qu'elles contiennent en outre tous les sels solubles, tels que sels de potasse et de soude. Il résulte aussi que l'âge, l'état de santé, la nourriture, sont autant de causes qui font varier la composition des déjections des animaux. Du reste, rien de plus facile à comprendre qu'un animal ne saurait donner de silice dans ses déjections solides, quand il est nourri avec la betterave qui n'en contient pas, tandis que, nourri de foin ou de paille d'orge qui en sont riches, ses déjections solides en contiendront également.

DÉJECTIONS LIQUIDES OU URINES.

Les urines des herbivores sont alcalines, elles ramènent au bleu le papier de tournesol rougi par les acides ; elles doivent cette propriété au carbonate de potasse. Elles ne contiennent jamais de phosphates solubles, parce que les plantes qui leur servent de nourriture n'en contiennent pas : mais toutes sont riches en *urée,* substance azotée.

Urine du cheval.

Eau	876	
Matières organiques	79	124 gr.
Sels minéraux	45	de résidu.
	1,000	

Si l'on fait évaporer mille grammes d'urine de cheval, on obtient donc 124 grammes de résidu, formé sur 100 :

Carbone	36	
Hydrogène	3	8
Oxigène	11	3
Azote	12	5
Cendres	36	4
	100	0

Ainsi, puisque 1,000 grammes d'urine donnent 124 de résidu et que ce résidu donne p. 100 12,50 d'azote, un litre d'urine de cheval contient donc à peu près 15 grammes d'azote.

Or, puisqu'un kilo de blé, paille et grains, contient 30 grammes d'azote, un litre d'urine de cheval peut fournir assez d'azote pour 500 grammes de blé et de paille.

Urines du bœuf et de la vache.

1,000 grammes donnent :			1,000 grammes évaporés donnent 116 grammes de résidu formé sur 100 :	
Eau.......	883 1		Carbone...........	27 20
Mat. org...	70 1	résidu	Hydrogène..........	2 60
Mat. min..	46 8	116 9	Oxigène............	26 40
	1,000 0		Azote..............	3 80
			Cendres...........	40 00
				100 00

Cette urine est bien moins azotée que celle du cheval, et ceci nous démontre de suite la différence que peut apporter la nourriture dans les déjections animales ; mais cette urine est très-riche en potasse.

Urine du porc.

1,000 grammes donnent :

Eau..........................	979	
Matières organiques............	5	résidu
Matières minérales.............	16	21
	1,000	

Urine très-aqueuse, pauvre en azote, pauvre en principes minéraux et n'ayant que peu de valeur agricole.

Urine du mouton.

1,000 grammes ont donné :

Eau........................	894	
Matières organiques sil. amm....	80	résidu
Matières minérales.............	26	106
	1,000	

En rangeant ces urines d'après leur différente richesse, nous aurons :

Matières solides.	Matières organiques.	Matières minérales.	Azote.
Cheval.	Mouton.	Vache.	Cheval.
Vache.	Cheval.	Cheval.	Mouton.
Mouton.	Vache.	Mouton.	Vache.
Porc.	Porc.	Porc.	Porc.

DÉJECTIONS SOLIDES.

Les déjections solides des animaux sont, en général, formées de sécrétions biliaires, de phosphates insolubles, de substances minérales insolubles, de ligneux et de débris d'aliments non digérés, et d'eau, dont la proportion est en général de 75 à 85 pour 100. Ces déjections vont être moins riches en azote que les urines; mais beaucoup plus riches en phosphates insolubles.

Crottins de cheval.

1,000 grammes ont donné :

Eau.	753
Matières organiques	207
Matières minérales	40
	1,000

Ces 1,000 grammes de crottins ne contiennent que 5,50 d'azote; tandis qu'il y en a environ 15 pour mille grammes d'urine de cheval.

Les 40 grammes de substances minérales contiennent :

Phosphate de chaux et de magnésie	16	48
Sels de soude, de potasse et de silice	23	52
	40	00

Bouses de vache.

1,000 grammes ont donné :

Eau	859
Matières organiques	128
Cendres	13
	1,000

Sur 1,000 grammes, nous avons azote : 3,20.

Les 13 de cendres sont formées de phosphate de chaux et de magnésie.

Crottins de mouton.

1,000 grammes ont donné :

Eau	659
Matières organiques	321
Matières minérales	20
	1,000

Ces crottins sont des plus riches en azote ; ils contiennent 7,20 pour mille grammes.

Crottins de porc.

1,000 grammes ont donné :

Eau	800
Matières organiques	118
Cendres	82
	1,000

Ils contiennent 7 millièmes d'azote et 20 pour cent d'acide phosphorique.

Rangés d'après leur richesse, on a déjections de :

Azote.	Matières organiques.	Matières minérales.
1° Mouton.	Mouton.	Porc.
2° Porc.	Cheval.	Cheval.
3° Cheval.	Vache.	Mouton.
4° Vache.	Porc.	Vache.

Nous venons d'examiner tous les corps qui généralement forment la base des fumiers. L'animal pouvant être considéré comme machine à fumier, il nous suffira de placer les litières sous les animaux, de les laisser s'imprégner de leurs déjections solides et liquides, et le fumier se fera tout seul.

Nous aurons donc maintenant à nous occuper des altérations qu'il peut subir, des moyens de les prévenir et des conditions d'emplacements les plus favorables ; enfin viendra l'étude des moyens d'en augmenter la production, la composition chimique, et de son emploi pour la fertilisation des terres soumises à l'agriculture.

11ᵉ LEÇON.

—

ENGRAIS (suite).

FUMIER.

Nous venons d'examiner les éléments constitutifs du fumier; maintenant qu'il est confectionné, qu'allons-nous en faire? L'enlèverons-nous de suite, ou le laisserons-nous séjourner quelque temps sous les pieds des animaux?

Ici les avis des agriculteurs sont partagés : les uns veulent qu'on enlève le fumier fait tous les jours, parce que ce corps ne tarde pas à se décomposer ; que les émanations gazeuses qu'il répand sont insalubres ; qu'en outre, en restant sous les pieds des animaux, il peut passer à l'état de *blanc* ou de *chanci*, dans lequel il est altéré. Les cultivateurs qui veulent que le fumier séjourne longtemps sous les pieds des animaux, prétendent que les litières sont mieux imprégnées, que la fermentation y est plus lente et plus régulière. Il est, je crois, un moyen terme que le cultivateur doit employer, c'est de laisser quelques jours seulement le fumier à l'étable ou à l'écurie, pour que l'imbibition soit complète, et de le relever ensuite. Mais alors que va-t-il devenir? comment va-t-il se comporter? Prenons-en un mètre cube, plaçons-le momentanément dans la cour, et suivons avec soin les transformations qu'il va subir.

Rappelons-nous d'abord les éléments qui le constituent : litières et déjections d'animaux, c'est-à-dire un mélange de *matières carbonées*, de *matières azotées* et de matières minérales, ou, à un autre point de vue, un mélange de matières solubles et de matières insolubles. Le fumier entre en décomposition, la masse s'échauffe ; les matières carbonées vont donner naissance à de l'eau et à de l'acide carbonique; les matières azotées, à de l'eau, de l'acide carbonique et de l'ammoniaque ; il y aura donc dégagement de vapeur d'eau et de différents corps gazeux, dont le plus important est du *carbonate d'ammoniaque.*

Le tas s'affaisse, un liquide noirâtre nommé jus du fumier ou *purin* s'écoule, en entraînant toutes les parties solubles. Bientôt le fumier prend une couleur noirâtre ; enfin il arrive au terme de sa décomposition et, dans cette expérience simple, bien connue des cultivateurs, il est facile de comprendre, en-dehors de la science, que le volume du tas a diminué ainsi que le poids, et par conséquent une certaine quantité de sa valeur fertilisante.

Expériences scientifiques.

Interrogeons maintenant la science.

Gazzeri, chimiste italien, est le premier qui se soit occupé d'une manière sérieuse des altérations du fumier.

Il prit 20 kilogrammes de ce corps qu'il mélangea exactement ; il divisa ces 20 kilogrammes en deux parties égales de 10 kilos, et il en soumit une portion de 10 kilos à une analyse qui lui donna les résultats suivants :

Sur 10,000 gr. m. solubles...　　1,006 gr.
　—　　　　m. insolubles .　　8,994
　　　　　　　　　　　　　　　　————
　　　　　　　　　　　　　　　10,000 gr.

Les dix autres kilos furent placés dans une chaudière en cuivre recouverte d'une toile et de paille, et il les abandonna ainsi dans un lieu clos à la décomposition naturelle et libre pendant quatre mois. A cette époque, toute action chimique ayant cessé, il soumit de nouveau à un examen son fumier. Il put constater d'abord que le poids de 10 kilos s'était réduit à 4 kil. 550 grammes.

Et le chiffre des matières solubles de 1,006 grammes était descendu au chiffre de 455 grammes.

Donc, dans l'espace de quatre mois, les 10 kilogrammes de fumier s'étaient réduits de plus de la moitié de leur volume et avaient perdu plus de la moitié de leurs parties solubles.

Toutes ces matières s'étaient répandues sous forme de gaz dans l'atmosphère. Ici s'arrêtent les travaux de Gazzeri ; il ne s'est point occupé de l'azote si important à connaître.

M. Payen répéta les expériences de Gazzeri, mais en tenant compte de l'azote.

Il prit 10 kilogrammes de fumier de couche dont il détermine la composition par avance ; ces 10 kilos contenaient :

Eau... 3,132
Matières combustibles, sels ammoniacaux.... 2,918
Substances minérales......................... 3,950
　　　　　　　　　　　　　　　　　————
　　　　　　　　　　　　　　　　　10,000

Les matières combustibles et les sels ammoniacaux dosaient 207 grammes d'azote.

Il l'abandonna jusqu'à décomposition complète et il le soumit de rechef à l'analyse. Les 10 kilos ne pesaient plus que 4 kilos 550 ; donc, perte de plus de la moitié de son poids.

En faisant l'analyse de l'azote, il n'y trouva plus que 157 gr. 70 cent. d'azote : donc en soustrayant cette somme de 207, on constate d'abord qu'il y a eu perte de 49,30 d'azote pour un même poids du fumier pris dans la masse.

Mais la masse s'est réduite, de 10 kilos à 4 kilos ũ50 et aurait dû contenir 454,9 d'azote. Or en retranchant 157,70 d'azote de 454,9 qu'elle aurait dû contenir, on voit que la perte s'est réellement élevée à 297,20 d'azote. Le rapport qui existe entre 454,9 et 157,7 est à peu près des 65 centièmes, ou des 2/3 de l'azote.

Il est donc bien vrai que le fumier quand il est abandonné, sans soins, aux lois ordinaires de la décomposition perd :

1° Plus de la moitié de son volume ;
2° Plus de la moitié de ses parties solubles ;
3° Près des deux tiers du poids de son azote.

Voilà certes des expériences précises qui sont admises par les savants ; mais il peut se faire que les deux dernières ne soient point entièrement à la portée des cultivateurs.

Qu'un cultivateur vienne me dire : « Vous me parlez d'azote, je n'en n'ai jamais vu ; vos matières minérales et combustibles, je ne les connais pas ! Soit, je lui accorde ; mais ce que le cultivateur sait bien, c'est que son fumier perd de son poids et de son volume ; c'est qu'il s'échappe un jus noirâtre, qui se déverse, le plus ordinairement à sa mare ; qu'il s'en échappe aussi certains principes gazeux, qu'il peut reconnaître à l'odeur. Le cultivateur sait très-bien aussi que sans fumier il n'y a pas de récoltes possibles, que jamais il n'a assez de fumier ; que le fumier nourrit la récolte, en même temps qu'il ameublit le sol. Comment donc expliquer alors son incurie ou son entêtement à placer son fumier au milieu de sa cour ou exposé aux ardeurs du soleil et au lavage des pluies ! Il laisse perdre dans sa mare ou dans un puisard le jus de son fumier qui entraîne ainsi toutes les parties solubles.

Ce jus de fumier, en se rendant dans la mare, est une cause d'insalubrité pour les animaux qui viennent s'y abreuver. Là au moins, on retrouve dans le curage des mares certains produits du fumier, qui sont momentanément devenus insolubles ; mais le jus de fumier en se rendant dans un puisard, ne sert qu'à engraisser inutilement les profondeurs du sol. Que dire en songeant que ce mode de traiter le fumier existe dans les 95 °/₀ des exploitations !

Puisque le fumier est le meilleur engrais dont dispose l'agriculture ; puisque ce corps peut ainsi perdre la majeure partie de ses principes, nous sommes tout naturellement conduits à rechercher les moyens les plus propres à empêcher son altération. On a donc bien raison de dire que l'on peut juger de l'intelligence du cultivateur d'après les soins qu'il donne à son fumier.

La recherche de ces moyens a tour-à-tour occupé les savants et les agronomes ; aussi tous sont d'accord sur ce principe : *Choisir un emplacement pour son fumier.*

Cet emplacement sera d'abord abrité des vents et des eaux pluviales ; il sera accessible aux voitures de la ferme ; la partie inférieure du sol sera pavée ou enduite d'argile. Dans le bas du tas de fumier seront placées des rigoles, qui conduiront le jus du fumier ou purin dans une fosse. Cette fosse sera étanchée et munie d'une pompe, à l'aide de laquelle on pourra facilement reverser le purin sur le fumier, l'arroser de temps en temps, et empêcher la température de s'élever dans la masse. Mathieu de Dombasle recommande surtout aux cultivateurs de faire la dépense d'une fosse à purin, et il estime un hectolitre de jus de fumier à 50 centimes. Il extrayait, dit-il, de son exploitation, annuellement 800 à 1,000 hectolitres de purin, dont il estime la valeur de 4 à 500 francs.

M. Boussingault conseille de choisir un emplacement au centre des étables et d'y établir une fosse à fumier, bien étanchée dans toute son étendue, laissant un des côtés accessible aux voitures. Sur l'une des parois de la fosse on applique une grille en fer qui laisse écouler le purin dans une fosse bien étanchée, munie d'une pompe pour reverser le purin sur le fumier et modérer ainsi la décomposition. Enfin, auprès de la fosse à purin, il établit une guérite à latrines, devant servir au personnel de l'exploitation.

Ces systèmes d'emplacement du fumier sont quelquefois modifiés par les agronomes suivant les dispositions de leur exploitation, mais tous ont pour but de satisfaire aux conditions suivantes :

1° Recueillir le jus du fumier ou purin, de manière qu'il soit facile à reverser sur le tas du fumier ;

2° Autant que possible ne pas laisser arriver d'eau étrangère sur le fumier ;

3° Garantir le fumier d'une évaporation directe et trop prompte ;

4° Ne pas laisser la température intérieure du tas de fumier s'élever à plus de 28 ou 30 degrés ;

5° Donner à l'emplacement du fumier une largeur suffisante pour qu'il ne soit pas nécessaire d'élever les tas à une trop grande hauteur ;

6° Donner un libre accès aux voitures pour que le chargement soit facile.

Enfin, débarrasser par ces moyens la cour des fermes, tout en cherchant à conserver au fumier toute sa valeur primitive.

Outre les conditions que je viens de vous soumettre, la science donne encore d'autres moyens physiques et chimiques.

Ces moyens physiques ont pour but d'empêcher le fumier de diminuer de volume.

De Voght conseille de stratifier le fumier avec les curures de fossés, les balayures, les débris de toute nature. Mathieu de Dombasle employait pour le même résultat des tourbes. Tous ces moyens ont pour but, en donnant accès à l'air, d'empêcher la masse de trop s'échauffer et le tas de diminuer.

Quant aux moyens chimiques employés, tous ont pour but de conserver le carbonate d'ammoniaque qui provient de la décomposition des matières azotées et qui présente aux plantes l'azote sous la forme la plus assimilable.

Ces moyens sont l'emploi du plâtre (sulfate de chaux) que l'on stratifierait avec le fumier ; l'emploi d'une dissolution de couperose verte (sulfate de fer) pour arroser les fumiers. Ces deux corps sont destinés à transformer le carbonate d'ammoniaque en sulfate d'ammoniaque soluble, mais fixe, c'est-à-dire non susceptible de volatilisation.

Ces deux moyens ont été employés par des agronomes distingués, qui ont dit s'en être bien trouvés ; cependant M. Boussingault s'est élevé fortement contre cette pratique dans son ouvrage intitulé : *Fosse à fumier*.

Il établit d'abord que, lorsque les fumiers sont bien traités, la déperdition de l'azote est presque nulle. Il prétend de plus que les fumiers, outre du carbonate d'ammoniaque, contiennent du carbonate de potasse, corps alcalin dont l'action sur la végétation est aussi importante, et il prouve qu'en employant le plâtre ou la couperose on détruirait le carbonate de potasse en le transformant en sulfate de potasse, corps à peu près sans action sur la végétation.

Cette réaction peut en effet se produire ; c'est donc à la pratique agricole à se prononcer pour résoudre entièrement la question.

Enfin il résulte de toutes les recherches faites par les savants les conclusions suivantes :

1° Que le fumier des fermes, à l'état frais, ne contient qu'une faible proportion d'ammoniaque libre ;

2° Que l'azote, dans le fumier frais, se trouve principalement à l'état de combinaison insoluble ;

3° Que pendant la décomposition du fumier une proportion considérable des matières organiques se dégage dans l'air sous forme d'eau et d'acide carbonique ;

4° Que cependant cette décomposition peut être conduite de telle manière que la perte d'azote et de substances minérales soit insignifiante ;

5° Que le phosphate de chaux, pendant la décomposition, devient plus soluble que dans le fumier frais ;

6° Que dans l'intérieur de la masse, sous l'influence de la chaleur, il se produit un dégagement d'ammoniaque, mais que dans son passage à travers les couches refroidies l'ammoniaque est maintenu et ne se dégage point au-dehors ;

7° Que lorsque les tas de fumier sont bien pressés vers la surface, l'ammoniaque ne s'en échappe point, mais qu'il s'en perd des masses considérables si on vient à le remuer ;

8° Qu'il est plus nuisible qu'utile de prolonger la fermentation au-delà du temps nécessaire ;

9° Que lorsque les fumiers sont soustraits à l'action de la pluie la perte d'ammoniaque est minime, mais que l'eau du ciel, en se précipitant par averses sur le fumier, lui fait perdre du poids et de la qualité ;

10° Que le fumier décomposé souffre plus que le fumier frais de l'action destructive des pluies.

COMPOSITION DU FUMIER.

De tous les engrais, le fumier est sans contredit celui dont la composition est la plus complexe. Il suffit de nous rappeler les matières qui lui sont apportées par les litières et les déjections. Ces matières sont :

Pour les déjections solides et les litières :

De l'albumine,
De la bile,   } Ces trois premiers corps, en se décompo-
Du mucus,   sant, nous fourniront du carbonate d'ammo-niaque.
Des phosphates,

Du ligneux ou de la cellulose, { qui, en décomposant, don-nera naissance à l'humus du terreau.

Les déjections liquides ou urines fourniront :

De l'urée, { qui, en se décomposant, fournira du carbonate d'ammoniaque.
Des sels alcalins,
Du carbonate de potasse.

Voici d'abord, séparément, l'analyse, au point de vue de leur richesse agricole, des fumiers les plus usités.

Fumier de cheval.

Fumier frais produit par un cheval nourri de foin et d'avoine et recevant chaque jour 2 kilos de litière :

Sur 1,000 grammes à l'état humide, azote, 0,67. Ceci représente pour une fumure de 10,000 kil. 81 kil. 400 d'ammoniaque ou 67 kilos d'azote.

Acide phosphorique, 0,232. Ceci représente encore, sur 10,000 kil., 23 kil. 200 d'acide phosphorique.

Enfin, eau, 674 kil., soit 6740 kil. d'eau par fumure.

Dans cet état, les 23 kil. 200 d'acide phosphorique représenteraient près de 50 kil. de phosphate de chaux.

Fumier de vache.

Le fumier frais d'une vache nourrie avec du regain de foin et des pommes-de-terre, recevant de plus, pour litière, 3 kil. de paille de froment, a produit :

Sur 1,000 grammes, eau, 818, soit 8180 kil. sur 10,000 kil. fumure.

Azote, 0,341, soit, sur 10,000 kil. de fumure, 41 kil. 400 d'ammoniaque, ou 34 kil. 100 d'azote.

Acide phosphorique, 0,129, ou sur 1,000 kil. de fumure 12 kil. 900 d'acide phosphorique.

On le voit de suite, ce second fumier est moitié moins riche en azote et en phosphate.

Fumier de mouton.

Fumier d'un mouton nourri avec du foin et recevant chaque jour pour litière 225 grammes de paille de froment :

Sur 1,000 grammes, eau 616, soit 6160 kil. d'eau par fumure de 10,000 kil.

Azote à l'état normal, 0,823 représentant pour une fumure de 10,000 kil. 82 kil. 300 azote ou 100 kil. ammoniaque.

Acide phosphorique, 0,203, représentant pour une fumure de 10,000 kil. 20 kil. 300 acide phosphorique.

Fumier riche en azote.

Fumier d'un porc nourri avec des pommes-de-terre cuites et recevant par jour 450 grammes de paille de froment pour litière :

Sur 1,000 grammes, eau 728, soit 7280 kil. d'eau par fumure de 10,000 kil.

Azote à l'état normal, 0,786, représentant pour une fumure de 10,000 kil. 78 kil. 600 azote ou 95,400 ammoniaque.

Acide phosphorique, 0,207, représentant pour une fumure 20 kil. 700 d'acide phosphorique.

Telle est la composition chimique, au point de vue de leur richesse agricole, de ces différens fumiers ; mais comme le fumier le plus ordinairement employé est un mélange de ces derniers, recherchons-en donc la composition.

Fumier de Bechelbronn, par Boussingault.

1,000 grammes ont donné :

Matières organiq.	14 20 (a. 41)	Magnésie	0 24 (a. 41).	
Acide phosphoriq.	0 20	Oxide fer et man-		
Acide sulfurique.	0 13	ganèse	0 40	
Chlore.	0 4	Silice, sable, argile	4 40	
Potasse et soude..	0 52	Eau	79 30	
Chaux	0 57		100 00	

Il résulte de cette analyse, qu'au moyen d'une fumure de 10,000 kilos, le cultivateur porte sur ses terres, d'abord 7930 kilos d'eau et 41 kilos azote, ou l'équivalent de 49 k. 800 ammoniaque, et 43 à 44 kilogrammes de phosphate.

Moyen pour évaluer la production du fumier.

La quantité de fumier que peut produire une exploitation agricole peut varier par une foule de circonstances ; mais il est quelquefois important pour les cultivateurs de pouvoir calculer la quantité qu'il peut produire. On admet qu'en moyenne, un animal d'un poids moyen en donne annuellement :

Bœuf et cheval d'attelage........ 10,000 à 10,500 kilos.
Une vache laitière à l'étable .... 10,000 à 13,500 —
Une bête à laine.............. 350 à 500 —
Un porc..................... 800 à 1,000 —

Pour pouvoir calculer la quantité de fumier produite par un animal, on ramène toute sa ration journalière à une unité de valeur nutritive, et l'on a pris pour cette unité le foin de prairie de bonne qualité à l'état de sécheresse normale. En représentant le foin par 100, qui est son équivalent nutritif, on a:

Pommes-de-terre...... 280 | Rutabaga (raves) 400
Avoine .... 50 | Carottes 400
Paille de blé.......... 520 | Foin de sainfoin....... 85
Topinambours .... 280 | Fourrages verts 220
Betteraves .... 400 |

Cela signifie que pour 100 kilos de foin, il faudra donner 280 kilos de pommes-de-terre, 50 d'avoine, etc.

Ce qui revient à dire que, pour égaler en nourriture 10 kilogrammes de foin, il nous faudra 28 kilos de pommes-de-terre, 5 kilos d'avoine, 52 kilos de paille, 8 kilos 500 de foin de sainfoin ou 22 kilos de fourrages verts.

Si maintenant nous voulons évaluer la quantité de fumier produite journellement par un animal, on transforme en foin, d'après les équivalents nutritifs, les aliments consommés par le bétail ; on ajoute la litière et on multiplie la somme par le multiplicateur 2, qui ne peut s'appliquer qu'à des aliments secs.

Exemple : Pour avoir la quantité de fumier produite par un cheval (dans une journée) auquel on donnerait pour nourriture :

Foin... 5 k. ", nous aurons.... 5 k. " foin.
Avoine. 3 " égalant .... 6 " foin.
Paille.. 2 500 égalant à peu près » 500 foin.
Litière. 2 " litière.. 2 "
                                    ⎯⎯⎯⎯⎯⎯⎯⎯⎯
                                    13 500 × 2 = 27 kilos

de fumier produit par journée. En multipliant par 365, on aurait en fumier produit par ce même cheval, dans une année, 9,855 kilos de fumier.

Une vache laitière, du poids de 5 à 600 kilos consommant l'équivalent, dans une année, de. 5,475 foin.
Litière 730
                        ⎯⎯⎯⎯⎯⎯⎯
                        6,205 × 2 = 12,410 de fumier.

Comme il résulte des recherches de **M. Boussingault**, qu'un mètre cube de fumier, tel qu'on le porte sur les champs, pèse en moyenne 800 kilos, si l'on voulait savoir combien ces 12,410 kilogrammes de fumier forment de mètres cubes, on diviserait 12,410 par 800, on aurait comme produit 15 mètres cubes et demi de fumier, et l'on saurait ainsi qu'un cheval fournit près de 10,000 kilos de fumier, suffisant pour un hectare, et une vache, 12,410, ce qui est plus considérable. Mais comme il faut tenir compte de la richesse en azote et en phosphate, chez le cheval la qualité compense la quantité.

12ᵉ LEÇON.

—

ENGRAIS (suite).

FUMIER (*Suite*).

Du rapport qui existe entre l'alimentation du bétail et la production du fumier.

Nous avons aujourd'hui à nous demander si l'animal est réellement producteur de fumier, ou, si au contraire, il en est destructeur, c'est-à-dire, s'il consomme plus qu'il ne produit. On a dit et écrit à ce sujet bien des choses et on a été jusqu'à avancer que certaines substances alimentaires avaient pour but de produire une abondance extraordinaire de fumier; mais, comme le dit avec sagesse M. Boussingault, c'est avec une balance à la main qu'on peut vérifier de pareils résultats. Nous avons déjà établi, dans une de nos précédentes leçons, qu'un animal soumis à la ration d'entretien, à l'état de repos presque absolu, usait, pour entretenir sa respiration et sa chaleur, une certaine quantité des matières carbonées des aliments qui se répandent dans l'atmosphère, sous forme de gaz, et que cela causait une perte réelle pour la fosse à fumier.

Pour faire ses expériences, M. Boussingault prit un cheval, qu'il soumit pendant un mois à une ration d'entretien régulière. Durant cet espace de temps le cheval ne varia pas de poids d'une manière sensible ; puis M. Boussingault pesa avec soin la nourriture, qu'il lui donnait, il en fit l'analyse ainsi que celle de ses déjections, et voici les chiffres qu'il trouva :

Ration d'entretien pendant un jour.

Foin.........	7 k. 500	à l'état normal =	6 k. 465	à l'état sec.
Avoine.......	2 270	id. =	1 927	id.
Eau p. boisson.	16		8 k. 392	
25 k. 770				

En recueillant avec soin toutes ces déjections, tant solides que liquides, et en les soumettant à l'analyse, on obtint les résultats suivants :

Urine........   1,330 à l'état normal $=$ 0,302 g. à l'état sec.
Excréments. 14,250   id. $=$ 3,525   id.
————————   ————————
        15,580   3,827

Or, en retranchant de 25,770 ou de........ 8,392 à l'ét. sec.
                      15,580   3,827   id.
                      ————————   ————————

La perte est de........ 10,190 à l'ét. hum. et de 4,565 à l'ét. sec.

On constate, d'une manière évidente, qu'à l'état humide la perte réelle est de 10 kilos 190 grammes et à l'état sec de 4 kilos 565 gr.

D'où vient cette différence? A part un peu d'azote, qui est éliminé par la respiration, ces éléments, qui sont perdus pour la fosse à fumier, ont servi à l'entretien de la chaleur et ont été chassés, soit par la respiration, soit par la transpiration cutanée.

C'est ainsi que cela se passe chez un animal soumis à la ration d'entretien, c'est-à-dire lorsque l'animal semble être dans un repos presque absolu, et dans les conditions les plus propres à la production du fumier.

Mais, supposons un moment que notre cheval placé dans ces conditions ait travaillé seulement quatre heures dans la journée, alors la perte sera bien plus grande.

Car la force qu'il emploiera, l'activité qu'il développera pour faire ce travail, seront autant de dépenses au détriment de son alimentation. Or, la perte du fumier, qui tout à l'heure n'était que de 10 kilos, reviendra peut-être à 15 kilos. Où sera donc le bénéfice du cultivateur à nourrir son cheval? Ces quatre heures de travail, vous pouvez les estimer au bas mot 1 franc, et votre perte de 15 kilos de fumier à 1 franc les 100 kilos, soit 15 centimes.

Le bénéfice, dans ces conditions, serait de 85 centimes.

Appliquons à d'autres animaux un raisonnement semblable. Supposons que, sous l'influence d'une ration convenable, une vache produise 10 litres de lait, pesant 10 kilos 300. Puisqu'un kilogramme de lait contient 6,60 d'azote, nos 10 kilos 300 contiendront 68 grammes d'azote. Or, ces 68 grammes d'azote représentent en chimie une perte de 17 kilogrammes de fumier pour la fosse à fumier.

Mais nos 17 kilogrammes de fumier à un franc les 100 kilos nous constitueront une perte de 17 centimes seulement ; tandis que nos 10 litres de lait à 10 centimes le litre nous produiront un franc, bénéfice 83 centimes.

En appliquant le même raisonnement à la production de la viande, nous verrons qu'un kilogramme de viande contient autant d'azote que 9 kilogrammes de fumier ; que ces 9 kilogrammes de fumier représentent une valeur de 9 centimes, tandis que un kilo de viande vaut au moins un franc. Le bénéfice serait donc alors de 91 centimes pour le producteur.

Il résulte donc de ce que je viens de vous dire que le bétail est destructeur et non producteur de fumier ; qu'il ne rend jamais à la fosse à fumier la totalité des aliments qu'il consomme, et, qu'en outre, le bétail réclame un abri et des soins, sans compter l'intérêt du capital de son acquisition. Ce serait donc une mauvaise spéculation que ferait le cultivateur s'il n'avait du bétail que pour son fumier. Mais heureusement le bénéfice que trouvent le cultivateur et l'engraisseur existe dans la production des différentes valeurs qu'il se crée par l'entretien du bétail, et ces valeurs sont le travail obtenu pour le cheval, le lait et la viande pour la vache et le bœuf, la viande et la laine pour le mouton.

D'où nous devons conclure :

Que les chevaux qui travaillent le mieux, que les vaches les meilleures laitières, que les bœufs les plus facilement engraissables, que les moutons les meilleurs producteurs de laine et de chair, quelle que soit d'ailleurs leur exigence pour la nourriture, sont ceux qui produiront le plus d'avantage à leurs propriétaires.

Recherche des moyens d'augmenter la production du fumier.

Nous avons constaté que la production du fumier était insuffisante d'au moins moitié. Il est donc assez important que je mette sous vos yeux les moyens que l'on a employés pour en augmenter la production.

Pour produire du fumier, il faut établir deux hypothèses bien différentes :

1° Le cas où les animaux sont continuellement sur les pâturages, alors la production pour la fosse à fumier est nulle ;

2° Le cas tout-à-fait inverse, où les animaux sont continuellement à l'étable, soit en stabulation permanente, et c'est là où la production doit atteindre son maximum.

Nous avons déjà établi des chiffres qui nous ont été donnés par des agronomes ; ces chiffres sont pour une année :

Fumier : 10,000 kil. à 10,500 kil. pour un bœuf ou cheval d'attelage.

Fumier : 10,000 kil. à 13,500 kil. pour une vache laitière ;

Fumier : 350 à 500 kil. pour un mouton.

Fumier : 800 à 1,000 kil. pour un porc.

Mais ces chiffres sont loin d'approcher de ceux accusés par les cultivateurs belges qui estiment qu'une tête de gros bétail à l'étable doit produire de 32 à 39,000 kilos annuellement.

Mathieu de Dombasle, ce maître en agriculture, frappé de la différence entre les résultats indiqués par les Belges et ceux qu'il obtenait à Roville, voulut expérimenter le système belge et fit alors disposer deux étables à la manière belge : l'une pour douze bœufs à l'engrais, l'autre pour douze vaches laitières.

Les résultats de son expérience le conduisirent à ces conclusions, qu'au moyen du système belge 1° la production du fumier est double, 2° que le fumier produit est plus gras et de meilleure qualité.

En quoi consiste le système belge.

La disposition des étables d'abord consiste à pratiquer en avant des animaux un trottoir planchéié et cimenté, sur lequel on dépose le fourrage qui leur est destiné et les baquets qui contiennent leur boisson. Les animaux sont placés sur un plan incliné de l'avant à l'arrière, et ce plan est pavé ou dallé de manière à éviter les infiltrations d'urines et de matières solubles dans le sol. Derrière les animaux se trouve une petite fosse un peu enfoncée dans le sol où s'écoulent les urines et les parties liquides des déjections qui ont échappé à l'absorption des litières. Cette fosse doit être pavée avec soin ; on y jette tous les jours le fumier que l'on retire de dessous les pieds des animaux, auxquels on fournit une abondante litière , et dans ces conditions rien n'échappe à l'absorption. De plus, le bétail y gagne en propreté et sa santé est meilleure.

La partie réellement avantageuse de ce système est dans l'emplacement creux destiné à recevoir le fumier qui y séjourne cinq à six jours en été et huit à neuf jours en hiver, tout au plus.

Tel est le système qu'emploient les belges.

Lizier suisse.

Dans certains cantons de la Suisse, dans le nord de la France et dans la Flandre, on a adopté pour le même but un moyen qui se rapproche beaucoup de la méthode belge.

Le bétail est aussi placé sur un plan incliné pavé ou dallé. Au bas de la plate-forme, sur laquelle se trouve placé le bétail, existe une rigole qui reçoit les urines s'écoulant de la plate-forme et qui n'ont point été absorbées par les litières. Cette rigole aboutit à un réservoir en maçonnerie creusé dans le sol. Ce réservoir a une capacité variable et est fermé par un couvercle; il communique à un autre d'une capacité plus grande et qui peut contenir tout le liquide produit pendant un ou deux mois.

Dans ce système, voici comment sont traités les fumiers :

On remplit la rigole à moitié d'eau; une partie des urines en s'écoulant vient s'y rendre ; on délaie ensuite dans ce même liquide les déjections solides des animaux, et tous les jours on y lave la litière qu'on fait sécher dans un coin de l'étable. On la fait ainsi servir plusieurs fois ; puis ensuite on la porte sur le fumier, où elle est comprimée.

Lorsque la rigole est pleine, on la fait écouler dans le premier réservoir ; puis, lorsque ce premier réservoir est rempli, on le fait écouler dans le second beaucoup plus grand et placé en contre-bas. Ce liquide y reste cinq à six semaines, et il subit une fermentation légère ; puis, lorsque l'on veut s'en servir, on le retire avec une pompe. On le place dans des tonneaux que l'on porte sur les champs, et cet engrais ainsi préparé porte le nom de *lizier suisse*. Placé ainsi en quelque sorte à l'abri de l'air, il subit une fermentation lente qui empêche sa valeur agricole de diminuer.

L'avantage de ce procédé est le même que dans le système belge; tout est utilisé et rien n'est perdu des litières des animaux.

Enfin, en Angleterre, toujours pour le même but, la production et la conservation du fumier, on a placé les animaux sur un plancher à claire-voie ; au-dessous se trouve une fosse en maçonnerie. On fait tomber toutes les déjections liquides et solides dans cette fosse, dans l'intérieur de laquelle on a placé des litières terreuses qui absorbent toutes ces déjections. Les Anglais prétendent qu'à l'aide de ce moyen on fait d'excellens fumiers sans litières.

Tels sont les moyens les plus généraux qu'on a employés pour augmenter la production du fumier, en cherchant aussi à lui conserver toute sa valeur agricole.

EMPLOI DU FUMIER.

A quel état l'emploi du fumier peut-il être le plus avantageux? est-ce à l'état frais ou lorsqu'il a subi un certain état de décomposition ? Les cultivateurs, pendant longtemps, n'ont point été d'accord sur ce principe. Les uns préfèrent l'emploi du fumier frais, les autres l'emploi du fumier fermenté. Cette diversité d'opinions, touchant de près à la pratique agricole, c'est aux expériences faites avec soin par les agronomes qu'il faut s'en rapporter. Schlmaz et Hassenfratz, en agissant sur des parcelles de terre de même nature, cultivées et ensemencées de la même manière, prétendent que l'avantage appartient au fumier frais, et aujourd'hui les agronomes les plus distingués semblent être d'accord sur ce point. La théorie pourrait du reste indiquer un pareil résultat. Nous avons vu les altérations que peut subir le fumier, altérations qui, quand il ne reçoit pas les soins convenables, l'exposent à perdre les deux tiers de sa valeur. Or, le fumier frais répandu sur le sol, enterré avec la charrue, se décomposera lentement. Les corps, produits de sa décomposition, les plus importants, tels que le carbonate d'ammoniaque, peuvent être maintenus en réserve par les éléments du sol argile et oxide de fer; rien n'est perdu et tout profitera à la récolte.

Nous pouvons donc établir ici que l'emploi du fumier frais est préférable à l'emploi du fumier fermenté, et il n'y a plus qu'un obstacle à craindre, c'est que la saison et le temps ne permettent pas toujours au cultivateur de conduire ses fumiers dans les champs. Nous recommandons donc d'accomplir cette importante opération dès qu'on le pourra, et nous insistons surtout pour qu'on enterre immédiatement le fumier après qu'il aura été répandu. M. Dailly, habile cultivateur des environs de Paris, a été plus loin. A l'époque de la moisson où le temps ne pouvait lui permettre de conduire ses fumiers frais, il les faisait dessécher au soleil, les mettait en meules, et les conduisait sur les champs aussitôt que le temps le permettait. Il assure s'être bien trouvé de l'usage d'un semblable moyen.

Remarquez à cette occasion que le fumier desséché immédiatement n'a pas le temps d'entrer en décomposition, et il n'y a qu'une très-faible évaporation qui ne diminue pas sensiblement la valeur agricole du fumier.

La quantité de fumier à répandre sur les champs varie suivant la richesse du fumier, car nous avons vu que le fumier du mouton, par exemple, est plus riche que celui de la vache ; elle varie encore suivant la nature des récoltes qu'on se propose d'obtenir. Mais on peut dire que la quantité de fumier normale que le cultivateur répand sur ses champs est proportionnée à la quantité dont il peut disposer dans son exploitation.

Nous avons établi que cette fumure en fumier normal ne devrait jamais être moindre de 10,000 kilos par hectare et par an. Or, en nous rappelant la valeur productive du fumier établie par les agronomes, à savoir 10 de blé pour 100 de fumier, cette quantité donnerait une récolte de 1,000 kilogrammes de blé représentant 12 hectolitres et demi de grain. Une fumure de 20,000 kilos donnerait 25 hectolitres de blé ; mais cette progression ne saurait se poursuivre indéfiniment, et les récoltes les plus élevées ne dépassent guère 40 à 50 hectolitres à l'hectare ; car, une fois arrivée à un maximum de récoltes, l'agriculture ne saurait aller plus loin.

Pourquoi disons-nous donc qu'une fumure ne doit jamais être moindre de 10,000 kilos ? C'est parce que la valeur productive du fumier étant de 10 pour 100, elle devient de 1,000 kilos de blé pour 10,000 kilos de fumier. Dans ces conditions la culture en moyenne, si elle n'est pas lucrative, ne constitue pas au moins le fermier en perte.

D'un autre côté, la théorie établit que pour fournir l'azote nécessaire à 1,000 kilogrammes de blé, il faut 7,500 kilos de fumier ; puisque 100 kilogr. blé et paille enlèvent 3 kilos azote, une récolte de 1,000 kilos enlèvera 30 kilos d'azote. Mais si cette quantité d'azote peut être fournie par 7,500 kilos de fumier, puisque le fumier contient 4 millièmes d'azote, pourquoi donc alors demander 10,000 kilos de fumier ? C'est que d'abord il peut se perdre un peu d'azote, et, qu'en outre, il faut, indépendamment de l'azote pour la formation des graines, de l'acide phosphorique, et que nos 1,000 kilogrammes de blé enlèvent 16 kilos 200 d'acide phosphorique, tandis que nos 7,500 kilos de fumier n'en contiennent que 15 kilos 100. Il y a un déficit de 1 kilo 100. Voilà ce qui semble justifier ce principe : qu'une fumure ne saurait être moindre de 10,000 kilos, c'est-à-dire que dans le fumier le compte juste pour l'azote ne l'est pas pour l'acide phosphorique.

Les engrais en général, le fumier en particulier, ne sont à vrai dire que la nourriture, l'élément premier d'une récolte. On conçoit facilement que le produit de cette récolte soit en raison directe de la fumure fournie et absorbée. Du reste, c'est ce qui ressort très-bien des expériences pratiques qui donnent au cultivateur un enseignement des plus profitables.

Ainsi, l'expérience a établi ce fait important : sur 2 hectares de terre d'égale fertilité une fumure de 12,000 kilos à l'hectare a fourni une récolte de 15 hectolitres, et la dépense totale faite pour obtenir cette récolte a été de 315 fr.

En admettant le prix de l'hectolitre du blé à 18 francs, on a un total du produit en blé, grains = 270 francs; mais en même temps il y avait une quantité de paille dont la valeur estimée à 54 francs élèvera, pour la culture de cet hectare, un produit de 324 francs. L'hectolitre de blé revient au producteur à 17 fr. 40 c., et le bénéfice produit sur un hectare s'élève au chiffre modique de 9 francs. En effet, de 324 de produit ôtez 315 de dépense, reste 9 fr.

En appliquant sur ce même sol une fumure de 20,000 kilos par hectare de terre identiquement fertile , les frais s'élèvent à 458 fr.; mais le produit s'élèvera de 15 à 25 hectolitres, et le produit de la paille compris, cela montera à 540 fr. Dans ces conditions, l'hectolitre de blé ne revient plus qu'à 14 f. 12 c., car le bénéfice réalisé alors sur un hectare de terre est de 82 fr. En effet, de 540 ôtez 458, reste 82 fr.

Voyez quelle différence de culture ! l'une réalise un bénéfice de 9 fr. sur un hectare de terre, et l'autre réalise 82 fr. Ces chiffres ne sont-ils pas d'une éloquence irrésistible ? Aussi , de deux cultivateurs , l'un plaçant sur un hectare de terre 315 fr. de capital, n'obtient que 9 fr. de bénéfice et réalise à peine 3 0/0 de son capital.

L'autre, ne craignant pas de débourser 458 fr. pour réaliser un bénéfice de 82 fr., obtient 18 0/0 de son capital engagé. Le placement n'est-il pas meilleur ? Il n'est pas nécessaire, croyons-nous, d'insister longtemps sur ce sujet.

Quel enseignement pour l'agriculture ! comme la puissance du capital se montre ici dans toute sa supériorité ! Agriculteurs, ayez donc toujours de pareils chiffres devant les yeux ! Fumez vos terres largement, et, comme la quantité de fumier que vous produisez est toujours inférieure à vos besoins, ayez alors recours aux engrais commerciaux de bon aloi. Mais rappelez-vous que ces engrais ne sont que complémentaires ; alternez alors les fumures tantôt avec du fumier, tantôt avec les engrais commerciaux ;

En ne perdant pas de vue ce principe : chercher à maintenir l'équilibre fertile de votre sol en lui restituant tous les éléments enlevés par la récolte.

Rappelez-vous donc, messieurs, toujours et partout que tant que la valeur du produit dépasse celui de vos avances , vous devez chercher par les fumures à amener la récolte à son point maximum; car c'est là seulement que l'agriculture a sa raison d'être, puisque son but c'est de développer avec profit la plus grande somme de récoltes possible sur le moins grand espace de terre que l'on peut cultiver.

13ᵉ LEÇON.

—

ENGRAIS (suite).

DÉJECTIONS DE L'HOMME.

Si nous réfléchissons ici que chaque partie du corps de l'homme est formée d'éléments enlevés au sol sous des formes différentes; si vous vous rappelez ce que je vous ai dit, à savoir que le meilleur engrais pour une récolte est celui fourni par les déjections des êtres qui ont consommé cette récolte; si, enfin, nous voyons les céréales accompagner l'homme partout où il va planter sa tente, nous pourrons conclure tout d'abord que les déjections de l'homme sont de puissants engrais pour les plantes en général et pour les céréales en particulier. L'examen auquel nous allons nous livrer justifiera cette assertion. En effet, de toutes les déjections, ce sont celles de l'homme qui sont les plus riches au point de vue agricole. Cela se comprendra facilement : boire et manger, pour l'homme, est tout à la fois un besoin et un plaisir, on conçoit donc qu'il consomme une foule de mets variés et plus abondants qu'il ne faudrait souvent; mais de cette variété dans sa nourriture résulte un composé de corps très-riches en éléments divers et utiles au sol. Ses déjections deviennent de précieux agents de fertilisation.

Pour en faciliter l'étude ici, nous les diviserons en déjections liquides ou urines, et déjections solides ou matières fécales.

Ces déjections seront, comme celles des animaux, sujettes à des variations déterminées par la nourriture, l'âge et l'état de santé des individus.

1° *Urines ou déjections liquides.*

L'urine humaine, au point de vue chimique, présente d'abord un caractère particulier : elle est acide comme celle des carnivores ; elle doit cette propriété à deux acides particuliers, l'acide urique et l'acide lactique. L'urine des herbivores, au contraire, est alcaline, et nous savons qu'elle doit cette propriété au carbonate de potasse qu'elle contient.

12

Comme dans l'urine des animaux, nous allons trouver dans l'urine humaine la majeure partie des sels solubles provenant des aliments qui ont passé dans la circulation.

Les urines humaines se composent en général d'eau, de matières organiques et de matières minérales.

La quantité d'eau varie entre 928 et 981 sur mille, et la moyenne est de 948.

La quantité moyenne de matières solides, organiques et minérales contenues dans 1,000 grammes d'urine est de 55 gram., et ces 55 grammes de matières solides doseraient 6,13 centigrammes d'azote.

La quantité moyenne d'urine rendue en 24 heures par un homme adulte est, suivant M. Becquerel, de 1,267 grammes, dans lesquels il a trouvé la composition suivante :

Eau	1,227
Matières organiq. azotées, sels ammoniacaux	30
Matières minérales	10
	1,267

M. Lecanu a trouvé, comme moyenne, le chiffre 1,268 gr., chiffre qui ne s'éloigne guère de celui obtenu par M. Becquerel.

Enfin Berzelius a trouvé sur 1,000 grammes d'urines :

Eau	933
Matières organiques azotées	49
Substances minérales	18
	1,000

Les 49 de matières organiques azotées sont :

Urée	30	10
Acide lactique ⎫		
Lactate d'ammoniaq. ⎬	17	14
Matières extractives. ⎭		
Acide urique	1	»
Mucus de la vessie	0	32
	48	56

Les 18 de matières minérales sont :

Sulfate de potasse	3	71
Sulfate de soude	3	16
Phosphate de soude	2	94
Bi-phosph. d'ammon	1	65
Sel marin	4	46
Sel ammoniac	1	50
Phosph. de magnésie et de chaux	1	»
Traces de silice	»	02
	18	44

Parmi les matières organiques qui nous intéressent le plus, il nous faut citer l'*urée*, corps cristallisé, neutre aux papiers réactifs, riche en azote, dont elle contient les 46 0/0 de son poids et qui, au contact de l'air, va se transformer en carbonate d'ammoniaque. La quantité de cette matière varie dans les urines et fait par conséquent varier leur richesse en azote. Parmi les substances minérales qui nous intéressent le plus sont les phosphates, dont la majeure partie, à l'état soluble, pourra ainsi présenter aux récoltes l'acide phosphorique dans les conditions les plus favorables à la formation des graines.

En jetant, du reste, un coup d'œil sur cette analyse, nous y voyons tous les éléments propres à la formation des grains de blé. Mais il y manque quelque chose d'important pour la formation de la paille, c'est de la silice. Ceci nous indique de suite que des fumures réitérées avec les urines ne tarderaient pas à rendre le sol improductif en céréales, s'il ne contenait pas une provision suffisante de silice soluble.

EMPLOI DES URINES.

La haute valeur agricole que l'analyse assigne aux urines comme engrais, devait naturellement appeler l'attention des savants et des agronomes, surtout si nous considérons les quantités qui s'en perdent dans les grandes villes, au détriment de la salubrité publique. La première idée que l'on a eue était simple : les recueillir et les emmagasiner pour s'en servir au besoin. Mais l'urine abandonnée à elle-même ne tarde pas à entrer en décomposition. L'urée, les matières organiques vont donner naissance à du carbonate d'ammoniaque volatil ; l'urine qui était acide devient alcaline ; les phosphates de chaux et de magnésie, qui étaient tenus en dissolution à la faveur des acides urique et lactique, vont se déposer, et comme le carbonate d'ammoniaque est volatil, il pourra se dégager et se perdre dans l'atmosphère.

Ainsi, dans cette réaction, les phosphates insolubles vont se précipiter, les phosphates solubles resteront ; mais le carbonate d'ammoniaque va se volatiliser. Il ne demeurera donc dans ces conditions qu'une partie des principes utiles à la végétation. Aussi tous les moyens proposés par la science ont-ils pour but de conserver ce carbonate d'ammoniaque en le fixant. L'intérêt qui s'y rattache grandit, lorsque l'on considère que la population d'une grande ville comme la nôtre (45 mille âmes environ), rend tous les jours au minimum 45 mille litres d'urines ; en calculant la moyenne à 6 grammes d'azote par litre , on aurait tous les jours 270 kilogrammes d'azote , représentant à ce titre 67 mille kilos 500 de fumier, de quoi fumer largement 3 hectares de terre et produire 9,000 kilos de blé.

Les moyens que nous allons indiquer ici ne peuvent donner naissance à aucune objection analogue à celle qu'a faite M. Boussingault pour le fumier, puisque les urines ne contiennent pas de carbonate de potasse. Nous n'aurons pas à craindre de le décomposer. Aussi on a proposé d'ajouter par hectolitre d'urine :

Soit 40 à 50 grammes de plâtre ;
Ou 35 à 40   —   sulfate de fer, couperose verte ;
Ou 35 à 40   —   sulf. brut de zinc et de magnésie ;
Ou 30 à 40   —   acide hydrochlorique (esprit de sel);
Ou 12 à 15   —   acide sulfurique (huile de vitriol).

Tous ces corps ont un même but, c'est de décomposer le carbonate d'ammoniaque, le transformer en un composé nouveau, sulfate ou hydrochlorate d'ammoniaque, sel fixe et non volatil, et nous débarrasser ensuite de l'odeur infecte que répandent les urines putréfiées.

D'autres savants ont employé pour le même résultat des corps absorbants, comme le charbon, la tourbe, ou un mélange de ces agents chimiques cités plus haut, en concurrence avec le charbon ou la tourbe.

Enfin d'autres ont eu l'idée de solidifier les urines avec du plâtre, et le produit qu'on a livré à l'agriculture portait improprement le nom d'*urate*. Ce produit ainsi vendu ne contenait que 3,60 d'azote pour 1,000, soit plus d'un quart de moins que le fumier de ferme.

Les industriels se sont mis de la partie et se sont dit : Si l'on faisait évaporer les urines en les préservant de la décomposition, on devrait avoir comme produit de l'évaporation un résidu riche en principes fertilisants.

En effet, on obtient par ce moyen un résidu formé des matières minérales et organiques contenu dans l'urine et dosant 16,85 d'azote %, c'est-à-dire plus que le guano du Pérou, et contenant en outre, 8 kilos 350 de phosphate.

Voilà certes un beau résultat, mais on n'a pas encore réussi à le faire en grand avec bénéfice ; car il faut évaporer 933 gr. d'eau sur 1,000 grammes urine, et la question a été abandonnée.

En effet, la quantité de charbon nécessaire à l'évaporation de 933 grammes d'eau revient presque au même prix que celui du produit livrable au commerce et à l'agriculture. C'est ce qui a fait renoncer au projet.

Dans l'extraction des vidanges à Paris, où l'on est forcé d'exporter loin de la ville des quantités considérables d'urines, ces urines portent le nom d'*eaux vannes* ; elles dosent en moyenne 4,50 d'azote pour 1,000 et on les a utilisées pour la fabrication des sels ammoniacaux. Ces eaux *vannes* recueillies sont mises dans des appareils disposés *ad hoc* avec de la chaux. La chaux décompose le carbonate d'ammoniaque ; il se fait du carbonate de chaux, et le gaz ammoniaque, devenu libre, se rend dans de l'acide sulfurique et forme du sulfate d'ammoniaque. Dans cette opération, il se forme un dépôt qui peut être considéré comme un bon engrais, car la chaux précipite les phosphates, et le dépôt obtenu a la composition suivante :

Chaux.................... 41 0
Magnésie 1 3
Acide phosphorique...... 40 2
Matières organiques...... 17 5
____
100,0

Azote 2 p. %

Enfin **M**. Boussingault propose l'emploi du sulfate de magnésie à la dose de 50 grammes à l'hectolitre. Il se forme alors un dépôt de phosphates ammoniacaux-magnésiens, dont le poids est de 7 kilos sur 1,000 kilos d'urines.

Voilà bien des moyens ; mais ils ne sont pas d'une exécution commode et facile ; cependant les urines ont une valeur agricole réelle. Voici un moyen qui m'a paru pouvoir être exécuté facilement dans nos localités ; ce serait l'emploi de la *tannée* comme corps absorbant des urines. La composition de l'écorce de chêne est :

Sur 100 :

Matières organiques ... 94
Cendres.............. 6
____
100

La tannée contient, il est vrai, dans ses cendres peu de phosphate , mais elle contient de la potasse. En outre quand elle est sèche, elle a une propriété absorbante considérable. Une question qui pourrait vous inquiéter, c'est la présence du tannin, mais la tannée n'en contient plus guère , et sous l'influence de l'ammoniaque produit par l'urine, le tannin qui pourrait exister sera détruit. La tannée d'ailleurs pourra fournir une proportion notable de terreau.

Dans les pays où l'on peut se procurer de la tourbe, on pourrait, je crois, l'utiliser sagement pour le même résultat.

Nous avons déjà vu l'emploi qu'on fait des urines animales en Suisse sous le nom de lizier suisse. Si l'on voulait se servir des urines pour fumure, il faudrait les transporter sur les champs dans des tonneaux disposés comme ceux qui arrosent nos promenades pendant l'été. La quantité à répandre serait de 200 à 300 hectolitres à l'hectare. Si on voulait les employer au printemps sur les prairies, il serait prudent de les mélanger de moitié d'eau, pour empêcher, sur les plantes herbacées, l'action caustique du carbonate d'ammoniaque. Si on s'en servait pour fumure sur les guérets, il faudrait les employer avant le dernier labour qui précède l'ensemencement.

On a fait à l'emploi des urines, comme fumure des céréales, une objection sérieuse : Nos urines ne contiennent pas de silice. Sous leur influence nous ne tarderions pas à épuiser notre sol de silice soluble, et alors nos récoltes verseront. Cette objection est des plus vraies et des plus importantes. L'emploi d'une pareille fumure ne saurait se continuer longtemps; on devra donc alterner avec du fumier, ou donner une demi-fumure avec de l'urine et une demi-fumure avec du fumier ; puisque, comme l'analyse le constate, l'urine, malgré sa haute valeur agricole, est un engrais incomplet.

Déjections solides de l'homme.

Les déjections solides de l'homme doivent varier, comme les urines, de composition suivant l'âge, la nourriture et l'état de santé. La moyenne de ces déjections, rendues dans les vingt-quatre heures par un adulte, est de 180 grammes. Et si nous ajoutons à ce chiffre la quantité d'urine émise dans les vingt-quatre heures, dont la moyenne est de 1,268, nous aurons pour les déjections mixtes d'un adulte, dans les vingt-quatre heures, 1,448 grammes. Ces matières, soumises à l'analyse, ont donné à M. Barral, comme moyenne de quatre observations sur deux hommes et une femme, les résultats suivants :

Eau.....................	770 grammes.
Matières organiques azotées.	190 —
Matières minérales........	40 —

De son côté, M. Berzélius, en faisant l'analyse des déjections solides d'un homme, a trouvé les chiffres suivants :

Eau.....................	733 grammes.
Débris d'aliments..........	70 —
Matières solubles..........	45 —
Matières insolubles	140 —
Matières minérales........	12 —
	1,000

Les matières organiques ont donné en azote depuis 1,50 jusqu'à 5 0/0.

Les matières minérales se composent de sels solubles qui ont échappé à l'absorption et qui sont :

Carbonate de soude,
Sel marin,
Sulfate de soude.

Les substances minérales insolubles sont :

> Phosphate de chaux,
> Phosphates d'ammoniaque et de magnésie,
> Sulfate de chaux,
> Silice.

Ces analyses démontrent ici encore que nous avons tout ce qu'il faut pour produire une récolte, des matières organiques pouvant fournir de l'azote et des phosphates, corps qui nous paraissent nécessaires à la formation du grain de blé.

Mais nos vieilles habitudes, la répulsion naturelle qu'occasionnent ces matières font qu'on ne les emploie guère que lorsqu'on leur a fait subir certaines préparations qui ont pour but de les dénaturer, mais qui, comme nous le verrons, ont le grave inconvénient de leur faire perdre de leur valeur agricole.

Il n'en est pas de même en Chine, où l'on attache un grand prix aux déjections humaines. Les lois défendent de les laisser perdre, et l'on trouve dans les maisons des réservoirs construits avec beaucoup de soin pour les recueillir.

Le long des routes, pour les voyageurs, sont disposés des vases destinés à les recevoir. On les pétrit ensuite avec de l'argile et on les fait sécher au soleil, et, plus tard, réduites en poudre, on les porte sur les champs.

En France, il n'y a guère que dans le Nord où on les emploie sans qu'elles aient subi de modifications importantes. Cet engrais porte le nom de *gadoue*, *courte graisse* ou *engrais flamand*. Pour préparer cet engrais, les cultivateurs, dans leurs momens perdus, vont chercher les vidanges dans les villes et les transportent dans des réservoirs ou espèces de citernes en maçonnerie bien construites. Ces citernes ont deux ouvertures, l'une qui sert à y introduire les matières, l'autre, dirigée vers le nord pour laisser accès à l'air vif.

On y ajoute en outre quelquefois des tourteaux de graines de colzas et autres plantes oléagineuses.

Une fermentation lente s'établit, et, pendant cette légère fermentation, qui est modérée par le faible accès de l'air, la masse ne semble pas perdre beaucoup de ses propriétés fertilisantes. Lorsque la fermentation est achevée, on étend la masse de cinq à six fois son volume d'eau et on la transporte dans des tonneaux sur les champs où on la répand de différentes manières.

Voici, d'après Kuhlmann, comment cet engrais est employé pour une rotation triennale de colza, blé et avoine :

Première année : Fumure d'automne, avec fumier de ferme, enterré à la charrue, épandage par hectare de 600 hectolitres d'engrais flamand, nouveau labour, plantation de colza.

Deuxième année : Labour après la récolte de colza, épandage de 120 à 150 hectolitres d'engrais, semaille de froment.

Troisième année : Labour après la récolte de froment, 120 hectolitres d'engrais, avoine d'hiver.

Pour la culture de la betterave, on emploie 1,500 hectolitres d'un pareil engrais ; mais lorsqu'on destine cette betterave à la fabrication du sucre, les bons praticiens en condamnent l'emploi parce que le rendement en sucre est toujours moins considérable.

A Lille (en Flandre), on estime cet engrais 25 centimes l'hectolitre pesant 125 kilos ; dans la banlieue de Lille, à 50 centimes. Les frais d'entretien des citernes, l'épandage, le portent à 1 fr., rendu sur les champs.

D'après l'analyse faite par MM. Payen et Boussingault, 200 kilos d'engrais flamand représenteraient 100 kilos de fumier. Les habitants du Nord estiment, au contraire, que 100 kilos d'engrais flamand équivalent à 250 kilos de fumier.

Les engrais dont nous nous occupons ont d'abord un avantage ; c'est de ne point introduire dans les sols de mauvaises plantes. Leur composition nous indique en outre leur valeur. Tous les ans l'agriculture exporte de ses exploitations vers les villes des graines, de la viande, de la laine et une foule de produits obtenus au détriment du sol. Qu'y aura-t-il de plus rationnel que de rapporter des villes sur des terres toutes ces déjections qui représentent tous les produits enlevés à vos cultures sous des formes bien différentes ?

Ces matières, abandonnées à elles-mêmes, ne tardent point à entrer en décomposition. Les matières organiques azotées, en se décomposant, vont donner naissance à de l'ammoniaque. Les sulfates décomposés par les matières organiques donneront naissance à de l'acide sulfhydrique qui, étant acide, va se combiner avec l'ammoniaque et produira un corps infect et délétère le sulfhydrate d'ammoniaque. Ceci constituera pour la culture une perte de principes azotés, en même temps qu'il sera pour la société une cause d'insalubrité. Nous aurons donc à étudier les moyens que l'on a employés pour porter remède à cet état de choses, et faire l'analyse de l'engrais connu sous le nom de poudrette.

14ᵉ LEÇON.

—

ENGRAIS.

—

DÉJECTIONS (*suite*).

Nous avons étudié la manière dont se comportent les déjections solides de l'homme lorsqu'elles sont abandonnées aux lois ordinaires de la décomposition. Elles donnent naissance à un corps particulier, sulfydrate d'ammoniaque, formé d'ammoniaque, corps qui est utile à la végétation, et d'acide sulfydrique, corps à peu près inutile, d'une odeur insupportable et, par-dessus tout, délétère, par conséquent nuisible à la santé. Il y avait donc un double intérêt, au point de vue social, de rechercher d'abord à désinfecter ces matières tout en leur conservant leur valeur agricole.

Payen et Chevalier proposèrent d'abord l'emploi de certains sels métalliques, tels que le sulfate de fer, le sulfate de zinc, le chlorure de zinc ; et bientôt, dès que cette voie fut ouverte, on vit une foule d'industriels se faire breveter pour des procédés nouveaux ayant tous le même but.

Les corps qu'on a employés le plus efficacement sont les suivants :

Le sulfate de fer (couperose verte).
Le sulfate de zinc (couperose blanche).
Le chlorure de zinc.
Le chlorure de manganèse.

Tous ces corps agissent en transformant l'ammoniaque du sulfydrate d'ammoniaque en un sel fixe, non volatil, d'ammoniaque, que l'agriculture retrouverait plus tard dans la poudrette, si elle était bien préparée. L'acide sulfydrique se combine avec le métal, forme un sulfure métallique insoluble et inodore ; dans ces conditions, le but que l'on se proposait est parfaitement rempli : et la désinfection est complète tout en conservant les principes fertilisants.

On a employé aussi pour le même résultat le plâtre (ou sulfate de chaux), mais le plâtre seul ne réussit qu'imparfaitement.

M. Herpin, de Metz, a employé avec un succès complet un mélange de plâtre et de poussier de charbon ; selon lui, 12 kil. de plâtre et 2 kilos de poussier de charbon suffisent pour désinfecter complètement les matières fécales rendues par un individu, dont le poids s'élève à 65 kilos 700 pendant une année, et pour les convertir en un engrais puissant qui ne rappelle en rien son origine. Selon M. Herpin, cet engrais peut être moulé en moëllons ou en tourteaux et il ne reviendrait qu'à 1 franc les 100 kilos, prix égal à celui estimatif du fumier dans nos climats ; mais M. Herpin n'a nullement indiqué la composition de cet engrais, qui nous donnerait aisément sa valeur agricole. Quelle est donc l'action du plâtre mélangé au charbon? Le plâtre transforme le sulfydrate d'ammoniaque en sulfate d'ammoniaque et l'acide sulfydrique est absorbé par le charbon, corps qui jouit à un haut degré de la propriété d'absorber les gaz.

M. Siret a proposé l'emploi du mélange suivant :

Plâtre	53
Sulfate de fer	40
Sulfate de zinc	5
Charbon végétal	2
	100

Ce mélange remplit absolument le même but.

M. Salmon emploie pour le même résultat une poudre charbonneuse obtenue en faisant calciner, dans des cylindres de fonte, la vase des rivières, des mares, de la tourbe, de la sciure de bois et des débris de tannée. Il compose ainsi une poudre noirâtre qui, pulvérisée et mélangée convenablement aux matières fécales, les désinfecte entièrement.

Darcet en fit une expérience décisive, en en faisant, dans une soirée, circuler en plein salon. Cette substance fut prise par ses invités pour un minerai inconnu.

Cette préparation est connue sous le nom d'engrais Salmon.

Un procédé qui fit un moment beaucoup de bruit est la solidification des matières par le procédé Sussex. Voici en quoi il consiste : On verse d'abord dans les matières un léger excès d'acide sulfurique, puis une dissolution de silicate de potasse ou de soude. Sous l'influence de l'acide sulfurique libre, le silicate est décomposé, la silice se précipite à l'état gélatineux et empâte la masse qui se solidifie presque tout-à-fait.

De tous ces procédés, ceux qui sont prescrits par les ordonnances de police et des conseils de salubrité consistent dans l'emploi de la couperose, du chlorure de zinc et du poussier de charbon.

POUDRETTE.

La forme sous laquelle ces matières sont le plus ordinairement employées en agriculture appartient à un engrais particulier vulgairement connu sous le nom de poudrette. Cet engrais, dont la fabrication paraît différer suivant les localités, se prépare ainsi aux environs de Paris : Les matières, après avoir été désinfectées, conformément aux ordonnances de police et de salubrité, sont extraites des fosses d'aisance et transportées hors de Paris, à Bondy ou à Montfaucon. Là, ces matières sont versées dans des bassins superposés et se déversant l'un dans l'autre au moyen de vannes mobiles ; elles sont d'abord jetées dans un premier bassin, où on les laisse séjourner quelque temps.

Les matières solides se déposent et les liquides viennent à la surface; on ouvre la vanne, on laisse écouler ces liquides dans le second bassin, où elles séjournent encore quelque temps ; puis on les laisse s'échapper dans le troisième bassin. Lorsque ces matières ne laissent plus rien déposer, on fait écouler les liquides que l'on appelle *eaux vannes*, lesquelles contiennent encore 4,50 pour mille d'azote, et que l'on a utilisées pour la fabrication des sels ammoniacaux, mais dont on laisse perdre inutilement une grande partie.

Les matières solides devenues pâteuses sont enlevées et portées sur un terrain vaste où on les place en tas ayant la forme d'un dos d'âne. L'excédant des liquides s'écoule, puis on étale ces tas ; on y fait passer la herse, et, lorsque ces matières sont à peu près desséchées, on les passe à travers une claie : on les met en tas qu'on livre aux besoins de l'agriculture. Dans ces derniers temps, à Montfaucon, on pouvait fabriquer 1,000 hectolitres de poudrette par jour du poids moyen de 65 à 67 kilos par hectolitre et vendus 4 fr. 50 c.

Soumis à l'analyse, cet engrais donnait :

Eau...................	280,0	
Matières organiques ...	290,0	contenant 11,8 d'azote.
Sels ammoniacaux.....	4,3	— 2,4 d'azote.
Carbonate de chaux....	38,7	
Sulfate de chaux.......	38,7	
Phosph. am. magn.....	65,5	3,6
Phosphates divers	34,6	
Matières terreuses	248,2	
	1,000,0	Total.. 17,8 ou 1,78 %.

Cette analyse fut faite en 1847 par M. Soubeiran sur de la poudrette de Montfaucon prise au moment de la livraison.

Dans ces conditions, nous voyons que 100 kilos de poudrette contiendraient 1 kil. 780 d'azote et 10 kilos de phosphates représentant un peu moins de 5 kilos d'acide phosphorique. Comme la poudrette se vend à l'hectolitre et qu'elle pèse 65 kilos, un hectolitre contient donc 1 k. 157 d'azote et 6 kil. 150 de phosphate de chaux, représentant environ 3 kil. d'acide phosphorique.

Un des grands inconvénients de ce procédé de fabrication consiste dans l'emploi d'un grand espace de terrain, en même temps que, pendant la dessication, il se perd une quantité notable d'azote à l'état de carbonate d'ammoniaque.

Ces engrais peuvent, du reste, varier beaucoup de composition. La proportion d'eau peut s'élever jusqu'à 40 pour 100, et la proportion de matières terreuses augmenter selon les procédés suivis par les fabricants, qui les mélangent soit avec du terreau épuisé des jardiniers, soit avec des terres, pour en faciliter la dessication.

L'autorité, dans le but de sauvegarder les intérêts de l'agriculture et d'empêcher la fraude, a pris un arrêté par lequel il ne saurait être vendu sous le nom de poudrette tout engrais fait avec les déjections humaines qui contiendrait plus de 35 pour 100 de matières terreuses ; mais alors cette composition peut être simplement vendue sous le nom d'*engrais*.

Du reste, des modifications dans le procédé de préparation de ces engrais ont dû être faites depuis une dizaine d'années, car il ressort de la moyenne des analyses de poudrette que j'ai eu l'occasion de faire, qu'elles contiennent 2 % d'azote et 10 % de phosphate, comme du reste le prouve l'analyse suivante :

Poudrette de Paris.

Humidité............	20 00	
Mat. comb. et sels vol.	34 00	
Phosphates terreux..	10 01	
Sels solubles.........	9 95	Azote, 1,98 %, soit 2 p. 100.
Matières terreuses...	26 04	
	100 00	

L'hectolitre pesait 75 kilos et elle était vendue au prix de 4 fr. l'hectolitre ; l'agriculture, dans un hectolitre d'une pareille poudrette, aurait donc 1 kil. 500 d'azote et 7 kil. 500 de phosphates.

La production de la poudrette se rencontre du reste dans toutes les localités un peu importantes, et l'ordonnance qui régit la fabrication de Paris leur est applicable. Cependant il vous est facile de comprendre que les ressources des localités étant différentes, les produits obtenus sont différents. Ainsi, à Orléans, cet engrais ne saurait être vendu sous le nom de poudrette, parce qu'il contient généralement plus de matières terreuses que n'en comporte l'ordonnance.

Je me suis souvent récrié contre la quantité de matières terreuses que contient la poudrette d'Orléans ; mais un fabricant m'a affirmé qu'il ne pouvait en être autrement, vu le mauvais état de construction des fosses d'aisance, qui ne sont ordinairement que des puisards ou des citernes où viennent se répandre toutes les eaux ménagères. Ensuite, dans l'extraction des matières, les ouvriers entraînent toujours une certaine portion de matières terreuses. Cette poudrette est, en outre, moins riche en azote, comme le prouve l'analyse suivante, que j'ai faite moi-même.

Poudrette d'Orléans.

Humidité............	26 40	
Mat. org. sels ammon.	19 00	
Phosph. terreux.....	10 35	
Matières terreuses....	37 25	Azote 1,39 pour 100.
Sels solubles........	7 00	
	100 00	

Cette poudrette pèse aussi 75 kilos l'hectolitre et se vend 3 fr. 50. L'agriculteur aurait dans la poudrette d'Orléans 7 kil. 500 phosphates et 1 kilo 4 grammes d'azote pour 3 fr. 50.

Ces chiffres prouvent bien que la poudrette est un engrais de composition variable, et qu'il est alors de l'intérêt du cultivateur, avant de l'employer, de chercher à s'assurer de sa valeur.

Emploi.

L'emploi consiste simplement à la répandre sur le sol avant l'ensemencement ; les quantités doivent varier suivant sa composition. Le chiffre indiqué par **M.** de Gasparin est de 1,750 kilos à l'hectare, c'est-à-dire 23 à 24 hectolitres.

Nous avons dit que l'engrais qui nous servirait de type dans les évaluations que nous aurions à faire serait le fumier de ferme, et nous avons établi la valeur productive du fumier à 100 kilos de blé pour 1,000 kilos de fumier. Le prix, quand il est conduit et répandu sur les champs, est dans nos climats de 10 fr. par 1,000 kilos. Nous avons à rechercher d'abord quelle sera la quantité de poudrette nécessaire pour remplacer le fumier, au point de vue de son principe fertilisant, *l'azote;* puis ensuite connaissant la quantité, nous aurons à établir le prix d'une pareille fumure, toujours relativement au fumier. La quantité d'un engrais quelconque, pouvant remplacer une quantité déterminée de fumier, 100 ou 1,000 kilos, constitue ce que l'on appelle l'équivalent de l'engrais. On trouve dans tous les ouvrages d'agriculture des tables d'équivalents d'engrais toutes faites et bien exactes; mais comme les engrais commerciaux varient souvent de composition, il est plus simple que je mette sous vos yeux les moyens à l'aide desquels on peut déterminer l'équivalent d'un engrais.

Pour arriver à ce résultat, il faut tout simplement se rappeler que 1,000 kilos de fumier contiennent 4 kilos d'azote, connaître l'analyse de son engrais, puis faire une simple règle de proportion. Prenons, par exemple, la poudrette de Paris, dont je vous ai donné l'analyse tout-à-l'heure, et qui contient 2 0/0 d'azote. Si nous voulons savoir combien il nous faudrait de cette poudrette pour remplacer 1,000 kilos de fumier, nous établirons la proportion suivante en disant : Si 2 kil. d'azote représentent 100 de poudrette, combien 4 kil. d'azote représenteront-ils ? — Exemple:

$$2 : 100 : . 4 : x \text{ d'où } x = \frac{100 \times 4}{2} = 200 \text{ kilos.}$$

200 kilos de poudrette de Paris représentent donc ou sont l'équivalent, en azote, de 1,000 kilogrammes de fumier. Or, si nous voulons porter sur notre champ une fumure de 10,000 kilogrammes de fumier, il nous faudra, pour les remplacer, 2,000 kilos de poudrette de Paris, qui, divisés par 75, poids de l'hectolitre, nous donneront entre 26 et 27 hectolitres.

Examinons maintenant la valeur commerciale de la poudrette. Notre fumure de 10,000 kilos de fumier nous coûte 100 fr., et il portera 40 kilos azote et 44 kilos phosphate, et nos 26 hectolitres de poudrette, à 4 fr. l'hectolitre, coûteront au cultivateur 104 fr., plus les frais de transport et d'épandage. Mais outre les 40 kilos d'azote, nos 26 hectolitres de poudrette porteront sur les champs 200 kilos de phosphate, c'est-à-dire 156 kilos de plus que le fumier, et la valeur commerciale du phosphate de chaux est de 25 c. le kilo. Il résulte de ceci que si la poudrette était un engrais complet comme le fumier, une fumure de poudrette serait moins coûteuse que du fumier.

En appliquant le même raisonnement à la poudrette d'Orléans, dont j'ai donné aussi l'analyse, nous aurions pour obtenir l'équivalent la proportion suivante :

$$1 \text{ kil. } 390 : 100 :: 4 : x, \text{ d'où } x = \frac{100 \times 4}{1,390} = 288 \text{ kil.}$$

Donc, si 288 kilos de poudrette d'Orléans égalent 1,000 kil. de fumier, il nous faudrait mettre 2,880 kilos de cet engrais pour une fumure de 10,000 kilos de fumier, soit, en divisant cette somme 2,880 par 75, poids de l'hectolitre, 38 à 39 hectolitres de poudrette.

Quel sera donc le prix d'une pareille fumure relativement au fumier dont la valeur est de 100 fr. pour 10,000 kilos ?

Le prix de l'hectolitre de poudrette d'Orléans est de 3 fr. 50.

Les trente-huit hectolitres coûteront donc 133 fr., transport et épandage non compris ; mais cette poudrette dosant aussi 10 0/0 de phosphate, la fumure portera 288 kilos de phosphate, c'est-à-dire 244 kilos de plus que le fumier, et cela ne sera pas perdu, car si ce n'est point utilisé pour une récolte, ce le sera pour une autre.

Lors donc qu'on voudra savoir l'équivalent d'un engrais, il faudra d'abord se rappeler la composition du fumier, connaître la composition de son engrais, établir ensuite une règle de proportion comme ci-dessus, qui vous donnera le poids équivalent de l'engrais par rapport au fumier, et, si l'engrais se vend à l'hectolitre, diviser le poids obtenu par le poids de l'hecto-litre pour avoir l'équivalent en mesure.

On a reproché à la poudrette d'avoir une action trop hâtive et de peu de durée; il est évident que si l'on rapportait son action tout entière à l'azote, le fait serait exact, car l'azote s'y trouve à l'état de sels facilement décomposables, en même temps que les matières organiques qui en contiennent aussi des traces y sont arrivées à un état de décomposition facile. Cependant, si la poudrette agit par son phosphate, il doit en être autrement de sa durée, car la quantité de phosphate est plus grande que celle qu'une bonne récolte peut enlever.

Je me suis étendu longuement sur cet engrais pour vous en donner la valeur et pour chercher à faire comprendre aux cultivateurs les avantages qu'ils pourraient tirer de l'emploi des déjections humaines. Vous me le pardonnerez sans doute, mes·sieurs, lorsque vous saurez que les pays les plus avancés en agriculture sont ceux où les cultivateurs utilisent le plus ces matières qu'ils considèrent comme les meilleurs engrais que l'on puisse employer.

15e ET 16e LEÇONS.

—

NOIR ANIMAL.

—

PHOSPHATE DE CHAUX. — OS. — NOIRS.

Nous arrivons à l'étude d'un engrais qui joue un grand rôle en agriculture. C'est le noir animal, produit de l'industrie, qui n'est venu que trop tard au secours de l'agriculture, mais qui, par ses résultats, a permis de rattraper bien du temps perdu.

Cependant, avant d'en entreprendre l'étude, il nous faut remonter à l'origine du noir animal, afin de le connaître sous toutes ses phases.

Aussi prendrons-nous pour point de départ la substance dont on l'extrait, c'est-à-dire les os des animaux. Ces corps, à leur tour, étant formés de phosphate de chaux, c'est par ce dernier élément que nous commencerons le travail, si intéressant à tous égards, que nous nous proposons aujourd'hui. Portons donc, messieurs, notre attention sur le composé connu sous le nom de phosphate de chaux.

Dans nos premières leçons, en examinant la composition chimique des sols, nous avons reconnu un principe invariable.

Ce principe est que, dans toutes les terres fertiles, il y a des phosphates, c'est-à-dire des corps composés de l'acide connu de vous sous le nom de phosphorique, et d'une base, c'est-à-dire un oxide qui, dans le sol, est à l'état de chaux ou de magnésie, tel que l'oxide de magnésium, l'oxide de calcium, etc.

En soumettant, comparativement à l'analyse, les divers produits d'une récolte, nous avons encore constaté la présence du même *acide phosphorique* combiné, soit à la chaux, soit à la magnésie, soit à la potasse ou à l'ammoniaque. Il se trouvait alors tantôt un composé de phosphate de chaux ou de phosphate de magnésie, de potasse ou d'ammoniaque.

La théorie indique donc à l'avance, et l'expérience le confirme, que les récoltes sont avides plutôt d'acide phosphorique que de tel ou tel autre corps.

14

Si nous recherchons ici quelles sont les quantités d'acide phosphorique prélevées sur un hectare de terre par diverses récoltes, nous aurons les résultats suivants constatés par M. Boussingault.

Ce savant a expérimenté sur dix hectares différents, et il a reconnu qu'il était prélevé sur un hectare :

Froment.	grain	19 k. 700	acide ph.
	paille	11 k. 200	
Seigle...	grain	37 k. 400	
	paille	4 k. 600	
Orge....	grain	11 k. 700	
	paille	3 k. 600	
Avoine..	grain	19 k. »	
	paille	5 k. 800	
Colza ...	grain	15 k. 800	
	paille	16 k. »	
Pommes-de-terre		13 k. 900	
Betteraves		17 k. »	
Topinambours		35 k. »	
Foin		22 k. »	
Sainfoin à deux coupes.....		96 k. »	

Ces dix hectares ont donc fourni 328 kil. d'acide représentés à peu près par 660 de phosphate de chaux, c'est-à-dire un peu plus du double en phosphate de chaux.

Ces chiffres nous démontrent clairement que chaque récolte enlève au sol un des principes nécessaires à sa fertilité.

Que va devenir cet acide phosphorique ou plutôt ce phosphate ?

Les récoltes consommées à la ferme ramèneront à la fosse à fumier une certaine partie de cet acide ou de ses composés phosphatés ; mais la partie qui formera la charpente osseuse des animaux, celle qui, sous forme de graines ou de viande, sera exportée vers les villes et sera distraite momentanément du sol, ne pourra y revenir plus tard que sous la forme de déjections ou toute autre. Il n'y aura guère de perdu que ce que l'homme emporte dans la tombe ; mais le respect naturel dont chacun de nous entoure les siens nous fait un devoir de consacrer cette perte.

Certains sols privilégiés contiennent des quantités notables de phosphates, et pourraient suffire sans addition ou restitution pendant longtemps au besoin des récoltes ; mais d'autres n'en contiennent que très-peu. Il n'est donc point étonnant de voir des sols s'épuiser en phosphates et devenir par cela même infertiles, quand on voit des récoltes, qui, comme les topinambours et le sainfoin, en enlèvent des quantités telles qu'uue bonne fumure ne pourrait les restituer.

Nous avons donc à rechercher par quels moyens l'agriculture peut rendre au sol cet agent de fertilisation.

L'agriculture ne saurait rendre l'acide phosphorique en nature, vu la difficulté de s'en procurer. Elle est donc obligée d'avoir recours à ses composés. Or, parmi ces composés, l'expérience a prouvé que les phosphates de soude, de potasse, d'ammoniaque et de magnésie produisent de bons résultats ; mais ces produits sont encore d'un prix commercial trop élevé.

Lors donc que l'agriculture veut fournir à la terre de l'acide phosphorique, c'est toujours au phosphate de chaux qu'elle s'adresse, parce qu'il est tout à la fois le plus répandu et par cela même le moins coûteux.

Les formes les plus connues sous lesquelles le commerce présente ce corps aux cultivateurs sont :

. Les os, les râpures ou sciures d'os, les os dégélatinisés, les os carbonisés ou *noir animal;* enfin une sorte de minerai connu sous le nom d'apathite et des rognons nommés coprolithes ou nodules coprolithiques.

Des Os.

Les os, comme vous le savez, forment la charpente osseuse de tous les animaux vertébrés ; ils contiennent, à l'état frais, près de la moitié de leur poids de phosphate de chaux, un peu de phosphate de magnésie, de l'eau, des matières grasses et une matière organique azotée qui se transforme en gélatine, une petite quantité de sels alcalins et du carbonate de chaux.

<table>
<tr><td colspan="2">ANALYSE
à l'état frais par M. Payen sur des os de boucherie de Paris.</td><td colspan="3">ANALYSE
de l'os du bœuf par Berzélius, l'os étant dégraissé et sec.</td></tr>
<tr><td>Phosphate de chaux.......</td><td>40</td><td>Cartilages solubles dans l'eau................</td><td>33</td><td>6</td></tr>
<tr><td>Carbonate de chaux et phosphate de magnésie......</td><td>4</td><td>Phosphate de chaux.:.</td><td>56</td><td>4</td></tr>
<tr><td>Alumine, silice et oxide de fer.....................</td><td>5</td><td>Phosphate de magnésie</td><td>2</td><td>7</td></tr>
<tr><td>Tissu fibreux et albumine.</td><td>32</td><td>Carbonate de chaux...</td><td>3</td><td>8</td></tr>
<tr><td>Graisse et tissu graisseux.</td><td>9</td><td>Sels alcalins.........</td><td>3</td><td>5</td></tr>
<tr><td>Eau.....................</td><td>10</td><td></td><td></td><td></td></tr>
<tr><td></td><td>100</td><td></td><td>100</td><td>0</td></tr>
</table>

Selon M. Payen, les abattoirs de Paris pourraient en fournir 11,713,500 kilogrammes annuellement.

En recherchant les quantités d'azote que peuvent fournir les matières organiques des os, **MM**. Payen et Boussingault ont obtenu les chiffres suivants :

> Os dégraissés et séchés à l'air....... 7,016 %.
> Os gras séchés à l'air............... 6,215 %.
> Os humides livrés par les fondeurs.. 5,306 %.

Ces os ne sauraient être employés à l'état normal, parce que dans cet état les agents atmosphériques n'ont qu'une action très-faible. Ceux que l'agriculture emploie en France sont divisés comme les sciures d'os et les râpures d'os provenant du travail de la boutonnerie, de la dominoterie et de la tabletterie. Cette sciure d'os, qui n'est jamais pure, mais mélangée de poussière provenant des balayures, a une composition, dont la moyenne est de 45 à 55 % de phosphates, de 4 à 4,50 % d'azote et 10 à 12 % d'eau.

Ces analyses nous démontrent que nous avons là tout ce qu'il nous faut pour une fumure complémentaire, les deux principes qui nous paraissent les plus importants, au point de vue agricole, une matière organique azotée pouvant fournir l'ammoniaque nécessaire à nos récoltes et du phosphate de chaux pouvant fournir l'acide phosphorique nécessaire au développement des graines. On admet en Angleterre, où on l'emploie en quantités considérables, que mille kilos d'os peuvent remplacer 10,000 kilos de fumier. Quelle sera donc la valeur agricole et commerciale de nos 1,000 kilos de sciures d'os relativement au fumier ?

En admettant la composition moyenne de la sciure d'os à 4,25 d'azote et 50 de phosphate pour 100, une pareille fumure représenterait 42 kilos 500 azote et 500 kilos phosphate , elle coûterait 140 fr., c'est-à-dire 40 fr. de plus que le fumier, mais elle porterait sur un hectare de terre 2 kilos 500 d'azote et 456 kilos de phosphate en plus.

L'expérience a aussi établi que lorsqu'on répand sur un hectare plus de 2,000 kilos d'os, l'excédant des récoltes est loin d'être en rapport avec les frais occasionnés par l'excédant de la fumure.

Le commerce livre aussi à l'agriculture du phosphate de chaux provenant des os dégélatinisés, et ici l'agriculteur doit faire une distinction suivant le procédé que l'on emploie pour obtenir la gélatine.

Un premier procédé consiste à traiter les os dégraissés par de l'eau aiguisée d'acide hydrochlorique. Tout le phosphate se dissout dans cette eau, et déjà, dans ces conditions, l'agriculture voisine des fabriques trouverait un avantage à employer ces liquides en irrigation sur les terres. Le phosphate dissous est ensuite précipité, desséché et livré à l'agriculture. Il contient en moyenne 10 °/₀ d'eau, 80 de phosphate et 10 °/₀ de carbonate de chaux.

Un autre procédé consiste à traiter les os entiers par l'eau, à une haute température. La majeure partie du tissu cartilagineux se transforme en gélatine et les os lavés sont livrés au commerce. Dans cet état, ils contiennent encore de 1 à 1,50 pour 100 d'azote, parce qu'une portion des matières organiques échappe à la transformation en gélatine.

Indépendamment de ces trois procédés, on a aussi employé les os carbonisés, sous le nom de *noir animal*. Les os, dans cet état, constituent un engrais spécial sur lequel nous reviendrons tout à l'heure.

Les premières tentatives d'essai des os en agriculture sont dues à Friedrik Krop, de Sollingen, en 1802.

Ces essais furent suivis des plus heureux résultats, et dès que ces succès furent connus des Anglais, on les vit frêter des navires, pour aller chercher sur tous les points du globe les os qu'ils purent ramasser. Tout fut utilisé, jusqu'aux glorieux débris de Waterloo ; mais comme ces os étaient d'un volume plus ou moins considérable et que, dans cet état, leur action est lente, parce que leur constitution physique s'oppose à l'action des agens atmosphériques, il fallut les diviser au moyen de machines particulières.

Les uns se servirent de bocards, espèces de pilons, mis en mouvement par une force motrice quelconque, une chute d'eau, un moulin ou la vapeur. D'autres se sont servis de meules verticales en fonte ou en granit du poids de plusieurs milliers de kilos que l'on faisait tourner dans une auge circulaire, comme les moulins propres à l'extraction de l'huile. Tous ces moyens avaient pour but la division des os, car l'action qu'on en obtenait semblait être en rapport direct avec leur degré de finesse, ce que l'expérience a confirmé.

Mode d'action des os.

Dans l'emploi des os au point de vue de leur action, il nous faut considérer leur composition. Les os naturels, les rapures et sciures d'os, c'est-à-dire, contenant tout à la fois de la matière organique et du phosphate de chaux, agiront et par cette matière organique, qui en se décomposant nous fournit de l'ammoniaque, et par le phosphate qui nous donne de l'acide phosphorique. Ceux qui ont subi quelques opérations industrielles et qui ne contiennent plus que des phosphates, agiront simplement par leur phosphate.

L'emploi de ces phosphates a surtout pour effet de fournir de l'acide phosphorique et du calcaire aux terrains de défrichement qui en sont pauvres. Mais pour bien comprendre ici cette action, pour saisir comment le phosphate s'assimile, puis sert à la confection des grains et des pailles, rappelons-nous ses divers états.

L'acide phosphorique en se combinant à la chaux donne naissance à trois composés bien différents :

	Acide phospho-rique.	Chaux.	Eau.
1° Phosphate de chaux neutre qui contient sur 100..........................	43,90	34,14	21,96
2° Phosphate basique de chaux ou phosphate des os......................	46,16	53,84	" "
3° Phosphate acide de chaux ou improprement nommé superphosphate de chaux.................................	61,03	13,72	15,15

Le premier de ces composés n'étant qu'un produit du laboratoire, nous ne nous en occuperons pas. Le seul qui nous intéresse réellement ici, c'est le phosphate des os. Soluble d'abord dans les acides, il se transforme alors en phosphate acide de chaux. Il est même soluble dans l'acide carbonique que contiennent l'air ou le sol ; il l'est encore en présence de sels ammoniacaux, ou de nitrates, ou de sel marin qu'on peut trouver dans le sol.

Quant au deuxième composé dit superphosphate et qui n'est qu'un phosphate acide, il devient soluble dans l'eau, et, mis en contact avec de la chaux, il redevient alors phosphate basique de chaux.

M. Lassaigne a prouvé, par des expériences positives, qu'un gramme de phosphate de chaux était soluble dans 1,333 gram. d'eau chargé d'acide carbonique. De plus, pour constater les effets que peut produire, sur la végétation, le phosphate de chaux dissous dans de l'eau chargée d'acide carbonique, il fit l'expérience suivante :

Il prit deux bocaux d'un cinquième de litre et mit dans chacun d'eux, du sable lavé avec de l'acide hydrochlorique, puis il y sema quatre grains de beau blé. Il plaça ses vases sur un guéridon qu'il approchait d'une croisée afin de leur procurer l'influence de la lumière solaire; il arrosait l'un des bocaux avec de l'eau chargée d'acide carbonique contenant en dissolution du phosphate de chaux, et l'autre avec de l'eau ne contenant que de l'acide carbonique. Tous les grains levèrent, mais ceux qui étaient saturés de phosphate de chaux végétèrent plus vigoureusement que les autres. Au bout de 25 jours, il arrêta l'opération, parce que les plantes paraissaient souffrir.

On constata alors que les tiges du blé, arrosées avec de l'eau tenant en dissolution le phosphate, avaient de 80 à 100 millimètres de hauteur, et pesaient 195 milligrammes ; les autres, au contraire, n'avaient que 65 à 70 millimètres de hauteur, et leur poids n'était que de 153 milligrammes.

Les cendres des premiers donnèrent à l'analyse des quantités notables de phosphate, tandis que les autres n'en donnèrent que des traces insignifiantes venant du grain de blé lui-même.

Il résulte bien de cette expérience que l'acide carbonique seul peut être la cause de l'absorption, par la plante, des phosphates qui, insolubles par eux-mêmes, deviennent solubles par sa présence. L'expérience, en outre, établit aussi que d'autres substances salines, et particulièrement les sels ammoniacaux, viennent encore faciliter cette dissolution.

C'est pour arriver à un résultat semblable, c'est-à-dire pour favoriser la solubilité des phosphates et leur assimilation, qu'ont été faites les expériences du duc de Richmond, si connues en Angleterre, et dont le procédé, expérimenté sur une grande échelle, a produit de si bons résultats là où les os n'agissent que lentement. Ce procédé consiste à traiter les os dégélatinisés par de l'acide sulfurique. Que se passe-t-il alors ? L'acide sulfurique attaque tout d'abord le carbonate de chaux des os, met en liberté l'acide carbonique et forme du plâtre ; puis, en réagissant sur le phosphate de chaux des os, il s'empare d'une certaine quantité de sa chaux ; il forme encore du sulfate de chaux, puis du phosphate acide de chaux, qui est soluble, et que l'on a appelé commercialement du *superphosphate de chaux*.

En répandant ce mélange sur les terres, on peut avoir tout à la fois, une action double due d'une part au plâtre, et de l'autre au phosphate acide de chaux. Ce composé, du reste, ne saurait agir à l'état de phosphate acide de chaux, parce qu'il aurait une action destructive et mortelle sur les organes du végétal ; mais ramené à l'état de phosphate gélatineux par la chaux ou les alcalis du sol, il présente une division qui le rend plus soluble par l'acide carbonique de l'air et les sels ammoniacaux du sol. Aussi, en Angleterre, les fabricants livrent à l'industrie agricole sous le nom impropre de superphosphate le produit du traitement des os par l'acide sulfurique auxquels ils ajoutent des sels ammoniacaux, des matières animales et de la sciure de bois, c'est-à-dire des corps qui, en se décomposant, pourront donner des sels ammoniacaux et alors faciliter la dissolution du phosphate de chaux basique régénéré et ramené à l'état de division infinie.

Voici, du reste, deux types de la composition de ces engrais par M. Way :

Superphosphate, qualité supé-rieure.			*Superphosphate, qualité infé-rieure.*		
Humidité	14	71	Humidité	11	58
Mat. org. et sels ammoniacaux	10	18	Mat. org. et sels ammoniacaux	8	33
B. phosph. de chaux soluble	18	50	B. phosph. de chaux soluble	1	61
Phosph. basique insoluble	6	35	Phosph. basique insoluble	23	45
Sable	9	98	Sable	6	41
Plâtre	36	63	Plâtre	26	64
Sels alcalins	3	65	Sels alcalins	21	98
	100	00		100	00

De pareils engrais n'ont pas une composition fixe, car indépendamment des os, l'industrie anglaise les prépare aussi avec le phosphate connu sous le nom d'apatite, ainsi qu'avec les phosphates fossiles désignés sous le nom de coprolithes auxquels on ajoute des mélanges de toute nature.

NOIR ANIMAL.

ORIGINE. — ESPÈCES.

L'agriculture emploie avec le plus grand succès les os carbonisés, produit plus connu dans le commerce sous le nom de noir d'os, noir animal ou noir de raffinerie.

Le noir animal est un des engrais les plus importants par les services qu'il a rendus et qu'il rend tous les jours à l'agriculture naissante. C'est, en effet, l'engrais par excellence des terrains de défrichement non calcaires. En outre, par la grande consommation annuelle qui s'en fait, il devient de plus en plus un produit important de l'industrie. Nous le suivrons ici dans toutes ses phases. D'abord nous en examinerons la composition primitive, les modifications que l'industrie lui fait subir, son emploi, son mode d'action et les falsifications trop nombreuses dont il est l'objet.

Le noir animal s'obtient en carbonisant, dans des vases clos, des os dégraissés, mais non dégélatinisés. Les os, avant d'être livrés à la carbonisation, subissent quelques opérations préparatoires : ainsi, on les dégraisse, puis on en opère le triage en mettant de côté ceux qui peuvent servir à différentes industries, comme la coutellerie, la tabletterie, etc. Les os sont ensuite cassés et placés dans des creusets de terre cylindriques, que l'on peut superposer ainsi dans un fourneau en maçon nerie construit *ad hoc*. — On chauffe le fourneau ; bientôt les os s'échauffent, la matière organique entre en décomposition ; il se produit différens gaz carburés qui, portés à une haute température, s'enflamment : la carbonisation s'opère alors d'elle-même et naturellement. Ce premier résultat obtenu et le fourneau refroidi, on procède au défournement. Les os carbonisés sont séparés de quelques matières étrangères, puis dans cet état livrés à l'industrie sucrière qui, à son tour, les broie dans des moulins particuliers où elle les obtient sous différents états d'après ses besoins, savoir : du noir fin, du noir petit grain et du noir gros grain. Le noir fin servira à la clarification du sirop, le noir gros grain et le noir petit grain serviront à la décoloration de ce même sirop.

Lorsque ces noirs auront servi aux opérations de sucrerie un certain nombre de fois, ils reviendront à l'agriculture après avoir subi des modifications importantes dans leur composition, selon le nombre de fois qu'ils auront servi, selon aussi le procédé opératoire de chaque raffineur.

Nous aurons donc à examiner ces modifications tour-à-tour. Il faut d'abord établir quelle est la composition des deux espèces de noir, le fin et le gros grain. Nous verrons ensuite les modifications que l'industrie leur fait subir.

Sur 1,000 grammes.	Azote.	Charbon et matières organiques	Sels.	Silice.	Alumine et oxide de fer.	Phosphate de chaux.	Carbonate de chaux.	Magnésie et perte.
Noir en grains......	9,5	0,108	0,008	0,028	0,007	0,817	0,030	0,002
Noir fin............	12,2	0,113	0,017	0,045	0,010	0,722	0,053	0,040

Telle est la composition de deux noirs vierges qui vont nous servir de comparaison pour les modifications que l'industrie va leur faire subir. Mais pour bien comprendre ces modifications, il faut que je vous dise ici en quoi consiste la clarification des sucres. Elle s'opère en mélangeant, à la solution, du sucre brut, du noir fin, un lait de chaux, puis du sang de fibriné que l'on remplace quelquefois par du blanc d'œuf. On chauffe, l'albumine du sang se coagule, elle opère la clarification du sirop, le caillot qui se forme, divisé par le noir, forme une masse, qui, lavée et pressée, constitue le noir résidu de raffineries, lequel pourra encore servir une ou plusieurs fois à la même opération. Voyons maintenant quels sont les changemens survenus en nous reportant à l'analyse précédente :

Sur 1,000 grammes.	Azote	Charbon et matières organiques	Sels.	Silice.	Alumine et oxide de fer.	Phosphate de chaux.	Carbonate de chaux.	Magnésie et perte.
Noir fin ayant servi une fois............	0,283	0,320	0,015	0,045	0,014	0,537	0,049	0,020
Noir fin ayant serv deux fois............	0,359	0,422	0,014	0,052	0,010	0,460	00,33	0,009

Tous ces renseignements sont empruntés à l'excellent ouvrage de M. Bobierre (de Nantes).

Ces chiffres nous démontrent les modifications que subit le noir fin en passant par la chaudière du raffineur. Nous voyons qu'au fur et à mesure que le chiffre de la matière organique augmente, l'azote s'accroît, mais en même temps le phosphate de chaux diminue relativement.

Les chiffres que je viens de vous donner sont loin d'avoir une composition fixe et invariable. Il vous est facile de comprendre que la composition des noirs variera, suivant les quantités employées par les raffineurs, suivant la recette de chacun d'eux et suivant le nombre de fois qu'ils auront servi.

Voilà pour le noir fin, celui qui est employé par le raffineur ; voyons pour le noir en grain. Celui-ci est employé par les fabricants de sucre brut ; il subit aussi quelques modifications mais moins importantes, car il ne sert qu'à décolorer les sirops. Lorsqu'il a perdu son pouvoir décolorant les fabricants le font brûler de nouveau, dans des fourneaux particuliers appelés *fourneaux de révivification*. Puis, dans cet état, il peut encore resservir au même usage ; mais lorsqu'il a perdu complètement son pouvoir décolorant, il revient à l'agriculture. Il est alors riche en phosphate, mais ne contient d'azote que des traces insignifiantes.

Voilà donc trois types de noirs bien différents :

1º Du noir *neuf ou vierge*, riche en phosphate et contenant environ un millième d'azote. Ce noir est rarement employé en agriculture; le prix en est trop élevé ;

2º Du noir fin ayant servi une ou plusieurs fois à la clarification des sucres; moins riche en phosphate que le premier, mais riche en matières organiques azotées, celui-ci revient à l'agriculture, et il est désigné sous le nom de *noir résidu de raffineries, noir de clarification* ;

3ᵉ Du noir en grains ayant servi à la décoloration des sirops, riche en phosphate, mais exempt d'azote ; employé aussi en agriculture et désigné sous le nom de *noir de sucreries, noir de décoloration.*

Outre ces noirs fournis par les raffineries de France, il en arrive tous les ans des chargemens considérables dans nos ports provenant de Hambourg, d'Amsterdam, Rotterdam, Russie, Angleterre et Espagne, etc.

Emploi du noir animal en agriculture.

L'emploi de ce puissant engrais n'est pas de date ancienne. Pendant longtemps ces résidus encombraient les usines et étaient jetés aux décharges publiques. Payen le premier, en 1820, après en avoir fait l'analyse, les trouvant riches en azote, annonça au monde agricole l'emploi utile de ces résidus. A la même époque, M. Favre, maire de Nantes, en recommandait l'emploi à ses administrés. Mais, en agriculture, la routine est tellement grande, que ce n'est guère que dix ans plus tard que quelques essais faits en Bretagne et en Vendée démontrèrent le parti important que l'on pouvait en tirer, soit comme fumure habituelle de certains terrains silico-argileux de l'ouest de la France, soit comme engrais indispensable au défrichement des landes de ces contrées. La science avait indiqué par analyse des propriétés dont la pratique agricole sanctionna le résultat par ses succès. On vit alors le prix du noir monter graduellement de 2 fr. l'hectolitre à 16 et 18 fr. Son emploi, limité d'abord aux départements de l'Ouest, ne tarda pas à s'étendre à tous les pays couverts de landes que le laborieux défricheur voulait arracher à leur stérilité. L'usage s'en répandit bientôt dans ces landes qui nous touchent de l'autre côté de la Loire, je veux parler de la Sologne.

C'est alors qu'on vit s'élever dans nos climats des usines qui livrent, depuis quelques années, des quantités considérables de noirs à l'agriculture. Ces noirs proviennent soit de fabrication directe, soit de sources différentes. Ils sont mélangés à dessein par les industriels, soit avec du sang, soit avec de l'urine. Ces additions ont pour but d'imiter ce qui se passe dans la chaudière du raffineur, et de fournir au noir un principe azoté qui facilite l'assimilation du phosphate de chaux aux végétaux qui s'en nourrissent.

Nous venons de passer en revue les différents états sous lesquels le noir animal peut se présenter à l'agriculture ; nous venons de voir comment il a pris rang parmi les engrais les plus importants, je vais chercher maintenant à interpréter quel est son mode d'action comme engrais habituel sur certaines terres de l'ouest de la France et comme engrais spécial dans les terres de défrichement en général et de la Sologne en particulier.

En essayant, dans une précédente séance, de vous classer les engrais, et en mettant sous vos yeux une classification basée sur la nature chimique du sol, j'établissais :

1° Que le type répondant aux besoins des terrains dans lesquels la nature a réuni toutes les substances minérales nécessaires à la végétation, était représenté par les engrais azotés ;

2° Que le type répondant aux besoins des terrains silico-alumineux, ou alumino-siliceux, était représenté par les engrais dans lesquels l'azote et l'acide phosphorique sont co-existants.

De ce principe ne pouvons-nous pas tirer cette conclusion que dans les sols argilo-siliceux exempts de calcaire et riches en principes organiques, qui peuvent par leur décomposition fournir de l'azote, nous aurons surtout besoin de phosphates. N'est-ce pas là l'état des terres de défrichement de la Sologne ? Que sont en effet pour la plupart les landes de la Sologne ? Des terrains argilo-siliceux, exempts de calcaire, sur lesquels, depuis les temps les plus reculés, se sont succédé des végétations de bruyères qui, en se décomposant, ont formé une couche de terreau acide, impropre par sa nature à donner de bonnes récoltes.

Le noir animal agit-il par son azote ou par son phosphate ?

La question ainsi posée ne saurait recevoir une solution immédiate, et, pour la résoudre, jetons un coup d'œil sur les faits que la pratique a sanctionnés.

Dans les environs de Paris et dans la Beauce, où la composition du sol représente tous les éléments nécessaires à la production, le noir, *résidu de raffinerie azoté*, n'a qu'une action peu sensible, et cette action semble être en rapport avec la quantité d'azote contenue dans le noir.

Le noir résidu des sucreries, riche en phosphate et dépourvu d'azote, est sans action.

Sur les vieilles terres de la Bretagne ou de la Vendée, qui sont silico-alumineuses, dépourvues d'azote et de matières organiques comme de phosphates, le noir résidu de raffinerie réussit parfaitement. Il peut y constituer un engrais annuel ; car il agit tout à la fois par son azote et par son phosphate.

Mais sur les terres que l'on défriche, terres neuves, riches en principes acides, le noir de sucreries, au contraire, réussit très-bien. Il est riche en phosphate, pauvre en azote ; mais il rencontre dans le sol les éléments organiques nécessaires à former de l'acide carbonique et de l'ammoniaque, si nécessaires à l'assimilation du phosphate.

De ces résultats sanctionnés par la pratique, nous pouvons donc maintenant établir ici deux faits bien tranchés :

1° Pour les terres pauvres en substances organiques, l'emploi du noir résidu de raffineries, c'est-à-dire noir azoté et phosphaté ;

2° Pour les terres neuves ou landes soumises au défrichement, terres chargées de matières organiques, l'emploi du noir de sucreries, riche en phosphate et pauvre d'azote.

Enfin, de tous les faits recueillis par la pratique, nous pourrons encore établir ici d'une manière générale que les terrains sur lesquels le noir agit présentent ce double caractère facilement appréciable : absence de carbonate de chaux et présence d'une certaine quantité de matière organique; qu'il forme avant tout l'engrais par excellence des landes, de l'ouest et du centre de la France, récemment défrichées, non écobuées, non chaulées et non marnées. Ce fait n'a point échappé encore à la pratique agricole, et les gens de la campagne l'expriment énergiquement en disant : *La marne et le noir se brûlent réciproquement.*

Le noir animal semble agir encore par sa couleur noire, qui peut donner au sol la propriété d'absorber les rayons solaires ;

Il agit aussi par sa porosité, qui en fait un bon dispensateur des gaz fertilisants.

Enfin il agit encore en détruisant l'acidité du sol.

La quantité de noir à répandre sur un hectare de landes défrichées en Sologne est de 5 hectolitres ; sa durée n'est guère que de trois ou quatre ans. Après ce laps de temps, ces terres mises en culture réclament impérieusement l'emploi du fumier.

Si vous vouliez vous rendre un compte exact de l'action heureuse du noir en Sologne, il vous suffirait d'examiner sa culture actuelle et de la comparer à celle qu'on voyait il y a vingt ans, et il serait difficile de compter le nombre d'hectares de landes que le noir a arrachés à leur stérilité en les transformant en belles cultures. — Il faudrait pour cela faire un véritable tableau statistique fondé sur des études comparatives.

Falsifications.

De tous les engrais commerciaux, il n'en est pas qui ait subi plus de falsifications que le noir animal. Sa haute valeur agricole, l'augmentation rapide de son prix, son état physique noir et pulvérulent qui se prête à l'introduction de toute espèce de substances étrangères, sont autant de causes qui en rendent les falsifications faciles. Ainsi, on l'a mélangé avec des schistes tamisés, de l'argile calcinée, de la tourbe, du carbonate de chaux noirci, du poussier de charbon, du sable, etc. ; mais c'est surtout à Nantes que la fraude s'est établie sur une vaste échelle et au grand jour, car je trouve dans l'excellent ouvrage de M. Bobierre, sur le noir, la reproduction d'une affiche placardée à Nantes que je vous copie textuellement, et dont M. Bobierre a conclu qu'on pouvait tirer parti pour allonger le noir animal :

VENTE PAR ADJUDICATION

DE TERRES NOIRES, TOURBES, TERRAINS VASEUX

A extraire de la Grande-Brière en 1856 et en 1857.

Le 13 août prochain, à onze heures du matin, il sera procédé, à l'hôtel de . . . ., aux adjudications suivantes :

1° Cent cinquante mille hectolitres de belles terres noires à extraire de la Grande-Brière. — Sur la mise à prix de 33,750 fr. ;

2° Des terres noires, tourbes, contenues dans un canal à creuser d'une longueur de 1,100 mètres environ, 10 mètres de largeur, 1 mètre de profondeur. — Sur la mise à prix de 8,000 fr.

Ces deux adjudications pourront être réunies en une seule.

Voilà d'une part 150 mille hectolitres de tourbe; la quantité à extraire du canal à creuser représente 110 mille hectolitres et la totalité forme 260 mille hectolitres de tourbe achetés et à extraire dans l'espace de deux ans, pour être mélangés sans doute aux noirs et être ainsi frauduleusement livrés à l'agriculteur. Si la tourbe était encore un produit qui eût quelque valeur agricole ; mais elle est tout au plus bonne à modifier le sol, car l'analyse constate qu'elle n'apporte que des quantités insignifiantes de matières utiles à la terre.

Cette tourbe représentait, dit M. Bobierre, seulement 56 dix millièmes d'azote. Brûlée, elle laissait pour résidu 16 pour 100 de son poids de cendres, et ces cendres étaient formées de sels de chaux, de soude, de magnésie, d'oxide de fer, d'alumine et des traces insignifiantes de phosphate, c'est-à-dire de ce produit sur lequel compte l'agriculteur quand il achète du noir.

A Nantes encore, une falsification faite sur une grande échelle est l'introduction du carbonate de chaux noirci. Ici, il y a progrès, car déjà on livre au sol, sur lequel on le répand, une substance qui peut avoir une certaine action, puisque ces sols n'en contiennent pas. Deux usines même pour la production de ce carbonate de chaux noir ciexistent à Nantes, et voici comment elles opèrent : on étend sur le sol de la chaux vive que l'on arrose d'eau ; la chaux s'éteint, forme une bouillie à laquelle on mélange du goudron de houille et de la tourbe, et le tout est bien mélangé et divisé au moyen d'une meule ; ensuite on l'introduit dans des cornues analogues à celles du gaz, puis on le brûle. Le produit qui en résulte est du carbonate de chaux d'un beau noir que l'on pulvérise et que l'on mélange avec les noirs de raffinerie.

Dans nos localités, les fraudes que l'analyse m'a permis de constater consistent dans l'addition du poussier de charbon, et l'introduction de matières organiques pouvant ainsi se gorger d'eau, faire éponge et emplir l'hectolitre.

Toutes ces falsifications ne peuvent se déterminer que par l'analyse qui seule nous indique la proportion de phosphate de chaux ou d'azote contenue dans les noirs. Le seul moyen que je puisse donner à l'agriculteur qui ne voudrait pas faire les frais d'une analyse, c'est de s'enquérir du poids de l'hectolitre qui doit peser de 85 à 90 kilos ; car, en général, le poids du noir est en raison directe de la quantité de phosphate qu'il contient.

L'agriculteur, du reste, en achetant du noir, doit d'abord chercher à l'avoir de bonne qualité ; car, si le prix de l'hectolitre est de 12 francs, et qu'il demande du noir à 8 francs, le négociant pourra lui en livrer ; mais alors il s'expose à être dupé. En effet, si, dans ces conditions, pour lui livrer du noir à 8 francs, on y mélange par moitié une substance inerte quelconque, l'agriculteur n'aura en réalité qu'un demi-hectolitre de bon noir qu'il paiera 2 francs plus cher, et un demi-hectolitre ne représentera qu'une valeur de 6 francs.

Ce sont toutes ces falsifications répétées sur une grande échelle et causant à l'agriculture un dommage réel qui ont été la cause des arrêtés pris dans un certain nombre de départements. Ces arrêtés concernent la vente des engrais. De pareilles mesures ne sont pas toujours choses faciles à exécuter ; car, d'une part, le but que se propose l'administration, c'est de sauvegarder les intérêts des agriculteurs en même temps qu'elle veut, autant que possible, ne pas entraver la liberté commerciale.

Outre les os et le noir animal, on s'occupe activement dans ce moment de fournir au sol du phosphate de chaux au moyen de certaines substances minérales, telles que l'apatite et les coprolithes ou nodules coprolithiques.

L'apatite constitue une espèce minérale particulière qui existe en quantité considérable en Espagne, dans la vallée de Logrosan. Ce minerai contient 81 0/0 de phosphate de chaux basique, c'est-à-dire de phosphate ayant la même composition que celui des os. Les essais tentés jusqu'à ce jour n'ont pas donné de résultats satisfaisants.

Les coprolithes que l'on a découverts depuis plusieurs années dans certains départements et que l'on trouve en assez grande quantité dans les Ardennes, contiennent en moyenne de 45 à 50 0/0 de phosphate de chaux. Les effets tentés aussi jusqu'à ce jour ne sont pas assez concluants. J'attendrai, pour vous en parler, que l'expérience pratique se soit prononcée. L'agriculture, je crois, doit se défier des insuccès ; cependant, Messieurs, je ne doute pas que tous ces composés phosphatés, lorsqu'on les aura bien étudiés, ne se trouvent tôt ou tard traités de manière à en rendre l'assimilation facile. Ce qui semble s'y opposer jusqu'à ce jour, c'est leur état physique ; j'espère qu'ils sont destinés par la nature à rendre un jour des services importants à l'agriculture.

17e LEÇON.

CORPS CALCAIRES.

CARBONATE DE CHAUX. — MARNES. — CHAULAGE DES SOLS.

Voici venir une question des plus familières à l'agriculture, c'est l'étude des moyens qu'emploie le cultivateur pour fournir d'abord à son sol un élément indispensable au besoin des récoltes les plus usuelles, en même temps qu'un modificateur physique du sol. Je veux vous parler de l'introduction du calcaire dans les terres. Le calcaire, en effet, agit chimiquement et physiquement sur le sol arable.

L'agriculture pratique a établi d'abord ce fait : que certains sols sont impropres à la culture des plantes les plus usuelles; la science, de son côté, en faisant par l'analyse une comparaison entre ces sols et les sols fertiles, est arrivée à ce résultat que ces derniers contiennent tous du calcaire. Si maintenant nous recherchons les quantités de chaux enlevées par les récoltes les plus usuelles sur un hectare de terre, nous aurons les chiffres suivants que la science doit à **M. Boussingault** :

Récolte sèche.		Chaux.	
Pommes-de-terre	3,085 k.	2 k.	200
Betteraves	3,172	14	000
Topinambours	5,500	5	900
Froment grain	1,148	0	800
— paille	2,790	16	600
Avoine grain	1,064	1	600
— paille	1,283	5	400
Trèfle	4,029	76	300
Luzerne, (quantité		150	200
Sainfoin, { non		117	800
Colza, (constatée.		75	400

Ces chiffres nous démontrent d'abord ce fait : toutes les cendres des plantes les plus usuelles contiennent de la chaux, et quel que soit momentanément son mode d'action, nous pouvons établir ici ce principe :

Qu'un sol ne saurait être propre à la culture s'il ne contient du calcaire en quantité variable, et que les récoltes qui semblent en profiter davantage sont les trèfles, les luzernes, le sainfoin et le blé.

L'agriculture pratique, pour fournir cet élément important au sol, emploie, différents moyens, suivant les ressources de chaque localité, tels que :

La chaux caustique, la marne (carbonate de chaux impur), différents corps connus sous le nom de crayon, merl, falun, trez, tangue, sable de mer, tous composés minéraux qui contiennent l'élément calcaire en proportions diverses. Dans nos localités, l'on emploie de la chaux ou de la marne.

Occupons-nous d'abord du chaulage.

CHAULAGE DES SOLS.

Le chaulage des terres, pratiqué depuis bien longtemps dans certains pays, introduit depuis peu de temps dans d'autres contrées qui n'en avaient pas encore fait usage, y a produit une véritable révolution agricole par les résultats obtenus.

Afin de bien comprendre quelle peut être l'action de la chaux, il nous faut étudier ici ses propriétés. La chaux que tout le monde connaît provient de la calcination, dans des fours particuliers dits fours à chaux, chauffés au bois ou à la houille, d'un calcaire grossier qui, à son état normal, peut servir de pierre à bâtir. Ce calcaire, chimiquement parlant, n'est autre chose que du carbonate de chaux impur. La cuisson qu'on lui fait subir produit une véritable décomposition chimique. Sous l'influence de la chaleur, le carbonate de chaux se décompose en acide carbonique qui se dégage dans l'atmosphère et en chaux. La théorie indique alors que si la pierre à chaux était pure et sèche, on aurait, sur 100 kilos de pierre à chaux, 44 kilos d'acide carbonique qui se dégagerait dans l'atmosphère, et pour produit 56 kilos de chaux (ou oxide de calcium). Mais en pratique on n'obtient jamais un pareil résultat.

Ainsi obtenue, la chaux peut se rapporter à quatre types, que l'on se procure par la voie du commerce, et qui présentent quelques caractères différents. Ces quatre types sont : la *chaux grasse*, la *chaux maigre ou siliceuse*, la *chaux hydraulique* et la *chaux marneuse*.

1° La chaux grasse est celle qui est la plus estimée en agriculture. Elle est solide, d'un blanc grisâtre, caustique ; exposée à l'air, elle se délite, c'est-à-dire qu'en absorbant d'abord l'humidité de l'air, elle devient pulvérulente et augmente de volume. On dit alors qu'elle *foisonne beaucoup*. Mise en contact avec l'eau, elle se réduit en bouillie épaisse et dégage de la chaleur dont l'intensité peut s'élever jusqu'à 300 degrés ; elle est légèrement soluble dans l'eau, qui en dissout $\frac{1}{6300}$ de son poids. Exposée à l'air, lorsqu'elle s'est délitée, elle absorbe rapidement l'acide carbonique de l'air en redevenant carbonate de chaux. Elle est soluble dans tous les acides qu'elle sature, c'est-à-dire dont elle détruit l'acidité ; mise dans un sol acide, elle a donc pour but d'en détruire l'acidité. Sa dissolution dans l'acide hydrochlorique ne donne que des traces de silice insoluble, et cette dissolution ne précipite pas l'ammoniaque.

2° La chaux maigre ou siliceuse se délite moins facilement et, par cela même, elle augmente moins de volume que la chaux grasse. Traitée par l'acide hydrochlorique, elle laisse un résidu plus ou moins abondant de sable, selon sa pureté.

3° La chaux argileuse ou hydraulique se délite difficilement et forme étant mouillée une pâte qui se durcit sous l'eau. Elle est incomplètement soluble dans l'acide hydrochlorique, et le résidu peut s'élever jusqu'à 25 pour 100 de son poids. Si on voulait employer cette chaux en agriculture, il faudrait la laisser se déliter et ne l'employer qu'ensuite. Selon M. Kulhmann, cette chaux aurait une action spéciale et elle contient toujours une certaine quantité de potasse.

4° Enfin la chaux magnésienne est très-épuisante ; elle contient de la magnésie dont il est facile de constater la présence en la dissolvant dans l'acide nitrique. Il se fait alors du nitrate de chaux et de magnésie, et en y versant de l'ammoniaque, on obtient un précipité blanc de magnésie en rapport avec la quantité contenue dans la chaux.

Comme je vous le disais tout-à-l'heure, c'est à la chaux grasse que l'agriculture s'adresse ordinairement.

La nécessité d'ajouter du calcaire dans un sol est facile à démontrer par l'analyse, et l'expérience scientifique a prouvé que tout sol qui, traité par de l'acide nitrique très-affaibli d'eau, ne fait point effervescence et dont le liquide obtenu par un pareil traitement ne précipite pas par l'oxalate d'ammoniaque, est exempt de calcaire. Mais à défaut d'analyse, il existe pour l'agriculteur un indice spécial et particulier, c'est la nature même de la végétation qui se développe sur son sol. Toutes les fois qu'un sol est envahi par des fougères, des bruyères, de la digitale, de la petite oseille, des petites graminées et de l'avoine à chapelet, il peut être sûr que ce sol est exempt de calcaire, ou qu'il n'en contient pas des quantités propres au développement des plantes usuelles. Ce sol réclame donc impérieusement l'addition d'un corps calcaire.

La nécessité du chaulage d'un sol étant reconnue, il ne s'agit plus que de répandre la chaux; mais pour arriver à ce résultat plusieurs moyens pratiques sont employés.

La première condition est de choisir d'abord un moment où la terre est sèche; car si elle était humide la chaux pourrait se réduire en bouillie et l'épandage n'en serait plus uniforme. La saison la plus convenable est la fin de l'été. La chaux répandue, on fait passer la herse sur le sol, et on l'enterre au moyen d'un labourage ordinaire.

Les moyens les plus employés sont les suivants :

1° On porte la chaux sur les champs, on en fait des petits tas de 20 à 30 litres espacés de 5 à 6 mètres. On la laisse se déliter sous l'influence de l'humidité, de l'air, et lorsqu'elle est devenue pulvérulente, on l'étend le plus uniformément possible à l'aide d'une pelle sur le terrain ;

2° On stratifie la chaux avec des curures de mares, des gazons ou des balayures ; on forme ainsi des tas en manière de tombe que l'on recoupe de temps en temps, puis on porte le tout sur les champs où on l'écarte le mieux possible ;

3° D'autres portent la chaux sur les champs, en font de petits tas qu'ils recouvrent de la terre même du champ, et lorsque la chaux est ainsi délitée, ils l'écartent avec soin. Dans tous les cas, il ne faut jamais enfouir la chaux et la semence en même temps, car l'action caustique de la chaux pourrait se faire sentir d'une manière trop énergique sur les radicelles nouvelles de la plante et les détruire même entièrement.

Quantité de chaux à répandre.

Les quantités de chaux à répandre sur un hectare de terre varient suivant les localités, suivant la fréquence du chaulage et la nature du sol. Dans les environs de Dunkerque, 40 à 50 hectolitres par hectare tous les dix ou douze ans ont paru nécessaires. Dans la Mayenne, à peu près la même dose. Dans la Sarthe, 9 à 10 hectolitres tous les trois ans. Dans l'Ain, 60 à 100 hectolitres tous les neuf ans. Dans le Calvados, 4 à 6,000 kilos tous les quatre ou cinq ans. Dans le haut Limousin, terrain granitique, 30 poinçons à l'hectare ont duré de quinze à vingt ans.

Dans ces contrées il est avantageux de commencer par une plante sarclée, et les récoltes obtenues sont bonnes.

En Allemagne, on emploie 8 à 10 hectolitres tous les quatre ans. En Angleterre, 160 à 170 hectolitres sur les sols légers,

200 à 250 hectolitres sur les terrains argileux, 600 hectolitres sur les terres tourbeuses.

Il résulte qu'à part les chaulages fabuleux de l'Angleterre, on trouve que la moyenne varie entre 4 à 5 hectolitres à l'hectare et par an. Cette quantité, du reste, peut suffire largement au besoin des récoltes qui en enlèvent le plus au sol. Prenons 4 à 5 hectolitres ; puisque l'hectolitre pèse 84 kilos, on porte ainsi de 336 à 420 kilos de chaux, quantité bien suffisante pour une année. La pratique établit encore que dans les terres argileuses et humides, la quantité doit être plus forte que dans les sols légers et sablonneux.

Action de la chaux.

La chaux, encore qu'elle apporte au sol un aliment indispensable aux récoltes, semble avoir sur les terrains auxquels on la fournit une action double :

1° Action sur les éléments organiques du sol ;
2° Action sur les éléments minéraux

Davy démontra le premier que, lorsqu'on a épuisé la fibre végétale de toutes ses parties solubles, si on la met en contact avec de l'eau de chaux pendant quelque temps, elle abandonne de nouveau une certaine quantité de matières solubles. La chaux agit donc d'abord, parce que sa présence dans le sol peut amener les parties organiques à l'état de dissolution. Tout le monde sait que mise en contact avec des matières organiques, elle les décompose rapidement et fait passer l'azote qu'elles contiennent à l'état d'ammoniaque qui se dégage dans l'atmosphère. Mais si ce phénomène se passe au sein du sol, l'ammoniaque produit peut être maintenu en réserve par les éléments absorbants du sol, argile et oxide de fer.

Cette réaction est des plus simples. La matière organique en se décomposant librement, donne naissance à de l'eau et à du carbonate d'ammoniaque, mais en présence de la chaux, le carbonate d'ammoniaque est transformé en carbonate de chaux et en ammoniaque. Cette propriété nous indique de suite l'action de la chaux sur les sols défrichés, riches en matières organiques. Si le sol est acide, la chaux en saturant l'acide le détruit ; si le sol est riche en matières organiques, elle en facilite la décomposition, en amenant ces matières à un état où elles pourront être utilisées par les récoltes.

En vertu même de cette action désorganisante, il vous est facile de comprendre qu'un fort chaulage doit avoir sur un sol une action très-épuisante. Car si les matières organiques se détruisent rapidement, si l'excès s'en transforme ainsi en matières gazeuses et se répand dans l'atmosphère, il peut se faire que les premières récoltes soient très-bonnes, mais qu'elles rendent pour les autres années le sol presque improductif.

C'est pour avoir méconnu ce fait que plusieurs cultivateurs ayant détruit la fertilité de leurs sols ont reproché au chaulage des résultats fâcheux dus à leur maladresse ou à leur ignorance. C'est ce qui a fait dire aussi que la chaux enrichit les pères et ruine les enfants. La chaux, en effet, en mettant dans les premières années une masse de substances organiques, et comme nous le verrons aussi tout-à-l'heure, une certaine proportion de matières minérales, à la disposition des récoltes, peut produire de bons résultats pendant une ou deux années, peut appauvrir le terrain pour la suite, et si le père s'est enrichi, les enfants, en effet, peuvent se ruiner. Mais la chaux enrichit le père et les enfans si, par des fumures alternées avec intelligence, on rétablit l'équilibre fertile.

Il faut entretenir dans le sol assez de matières organiques pour fournir sans cesse, aux racines des plantes, de nouvelles matières assimilables. Le chaulage, comme vous le voyez, exige donc de bonnes fumures qui doivent être d'autant plus importantes que le chaulage lui-même est plus considérable.

Action chimique de la chaux sur les éléments minéraux
du sol.

Afin de bien vous faire comprendre l'action chimique que la chaux peut exercer sur le sol, il me faut entrer ici dans quelques détails scientifiques que je vais chercher à rendre aussi intelligibles que possible. Vous savez qu'en parlant de la formation des sols arables, je vous ai dit que ces sols sont le produit de la désagrégation de roches primitives à forme cristalline, tels que le feldspath et les granits, et de roches de formation secondaire, glaises, argiles; toutes ces roches sont formées, en proportions diverses, de silice et d'alumine, véritable silicate d'alumine, contenant des quantités diverses d'alcalis, potasse et soude. Rappelons-nous aussi que les substances minérales qui paraissent jouer un rôle des plus importants dans la végétation, sont les alcalis, potasse et soude, la chaux et le phosphate de chaux, et que les céréales ne sauraient se développer, sans la présence dans les sols de silice soluble qui forme la charpente osseuse, pour ainsi dire, des pailles.

Il ne suffit pas que toutes ces substances soient dans le sol, il faut encore qu'elles s'y présentent sous une forme et un état qui les rendent assimilables par les plantes.

Voyons maintenant quelle peut être l'action de la chaux sur les substances minérales du sol, et si elle pourra amener ces matières à un état particulier qui les rende solubles.

Les feldspaths, les granits, les argiles et les glaises en chimie ne sont que des composés de silice et d'alumine contenant des quantités variables d'alcalis, potasse et soude. Ils diffèrent par leur état physique, et surtout sous le rapport de la résistance, que leurs éléments opposent à l'action dissolvante des agents atmosphériques. Un morceau de feldspath, quoique bien pulvérisé, a besoin pour se dissoudre d'être traité pendant des mois entiers par un acide. Mais si vous mélangez ce feldspath avec de la chaux et si vous le chauffez fortement, la chaux se combine avec les éléments du feldspath ; la potasse qu'il contient devient libre, et alors si vous y versez même à froid un acide, ce dernier dissoudra non-seulement la chaux, mais encore les éléments mêmes du feldspath, et la quantité de silice dissoute se prendra en masse gélatiniforme. Cette action que la chaux exerce ici sur le feldspath, elle l'accomplit de même sur les argiles et les glaises, véritables silicates d'alumine. Ce résultat peut parfaitement se vérifier par l'expérience.

Prenons de l'argile et lessivons-la avec de l'eau, pour entraîner tous les sels solubles. Si dans cet état nous la mélangeons avec de la chaux éteinte délayée dans un peu d'eau, nous verrons d'abord le mélange s'épaissir. Laissons reposer pendant quelques jours ; puis jetant sur un filtre et lavant, ajoutons-y du carbonate d'ammoniaque pour précipiter la chaux, il sera très-facile de constater la présence des alcalis, potasse et soude.

Si maintenant nous prenons de la glaise et que nous la mélangions avec un lait de chaux pendant quelques jours, nous traiterons ensuite ce mélange par un acide, et il nous sera facile de constater que cet acide entraîne en dissolution de la silice, fait qui n'aurait pas eu lieu sans le contact de la chaux. Que s'est-il donc passé sous l'influence de la chaux ? La glaise, composée de silice et d'alumine et mise en contact avec la chaux, a été décomposée, de la silice a été mise à nu, et dans cet état elle est devenue soluble, ainsi que les alcalis, potasse et soude. Nous aurons donc ainsi, au moyen du chaulage, chimiquement opéré la désagrégation des matières minérales du sol ; nous aurons mis à nu de la silice pour la confection des pailles des céréales et des alcalis pour la formation du grain du blé. Telle est l'action chimique que la chaux exerce sur les éléments du sol.

En résumé, la chaux opère sur le sol une action multiple. Elle agit d'abord par elle-même en fournissant aux plantes un élément qui leur est nécessaire, puisqu'on la trouve dans toutes les récoltes ; elle détruit les acides du sol qui le rendent improductif ; elle agit sur les éléments organiques du sol en facilitant leur décomposition et en les transfòrmant en produits nouveaux solubles et assimilables par les végétaux. Enfin elle agit chimiquement sur les éléments minéraux du sol, en les désagrégeant et mettant ainsi certaines substances minérales à la disposition des récoltes.

Le chaulage, rappelez-vous le bien, ne dispense pas de l'emploi du fumier. Au contraire, plus le chaulage est fort, plus considérable doit être la fumure. Il résulte de ceci qu'un chaulage trop énergique en l'absence de fumures suffisantes peut être aussi préjudiciable qu'un chaulage judicieux sera profitable.

Mais il faut avoir soin de ne pas mélanger la chaux avec le fumier. En effet, l'action de ce corps calcaire exciterait la fermentation du fumier et en décomposerait toutes les matières organiques. Qu'arriverait-il ? C'est que l'ammoniaque si utile à l'assimilation serait dégagée ainsi que l'indique la théorie, et il ne resterait plus qu'un résidu de matières minérales incapable de remplacer tous les éléments contenus dans le fumier.

Il faut donc répandre d'abord la chaux dans les terres et quelque temps après le fumier, de manière à ce que la chaux, étant bien délitée et divisée, n'ait qu'une action lente et mesurée sur les matières organiques qu'elle rencontrera.

Les cultures qui se ressentent le plus d'un chaulage sont, parmi les légumineuses, le trèfle, la luzerne et le sainfoin, et, parmi les céréales, le blé. La présence d'une faible quantité de calcaire suffit pour doubler le produit d'une récolte en blé.

Sur les trèfle, sainfoin, luzerne, etc., qui enlèvent au sol des quantités assez grandes de chaux, la théorie peut faire supposer que le calcaire n'agit que comme aliment ; mais sur les céréales qui en enlèvent moins, il semble agir comme aliment et comme agent chimique en mettant ainsi à leur disposition certains éléments minéraux qui paraissent leur être indispensables, et qu'elles n'auraient pu assimiler, sans la présence de ce corps important.

18e LEÇON.

MARNES.

Un moyen bien répandu dans nos contrées pour fournir du calcaire au sol, est l'emploi d'un corps de composition variable, connu sous le nom de *Marne*. Nous avons pu voir qu'il ressortait des propriétés chimiques de la chaux, qu'elle ne saurait rester longtemps dans le sol à cet état; qu'elle s'y transforme en peu de temps en carbonate de chaux, à l'aide de l'acide carbonique du sol et de celui de l'atmosphère.

L'avantage du chaulage sur le marnage serait donc d'utiliser les propriétés chimiques de la chaux et de produire ainsi une action immédiate et plus énergique tant sur les éléments organiques que sur les éléments minéraux du sol. Dans ces conditions, le chaulage est un marnage raisonné, dans lequel on profite des propriétés que je viens de vous indiquer; mais le résultat final est de fournir au sol l'élément calcaire (*carbonate de chaux*) que l'on rencontre aussi dans la marne.

On donne le nom de *marne* à un composé de diverses proportions de carbonate de chaux et d'argile, mélangé de sable, d'oxide de fer, de magnésie, de plâtre, et quelquefois de débris organiques. La marne a une propriété caractéristique; exposée à l'air et à l'humidité, elle se délite complètement. Tout calcaire d'ailleurs, quelle que soit sa composition, pourvu qu'il ait cette propriété, sera propre au marnage. Mais il ne suffit pas, pour obtenir de la marne, de mélanger du carbonate de chaux et de l'argile, car, lorsqu'on a voulu imiter la nature en faisant des mélanges de ces deux corps, les effets obtenus artificiellement ont été loin d'égaler ceux de la marne naturelle.

Ici, nous le voyons encore, l'influence de la constitution physique, quoique la composition chimique soit la même, donne naissance à des résultats différents.

La propriété qu'a la marne de se déliter, s'explique facilement par les propriétés physiques inhérentes à chacun des deux corps qui la constituent. Le carbonate de chaux forme avec l'eau une pâte peu cohérente qui, desséchée, se réduit facilement en poussière.

L'argile a des propriétés contraires; elle forme avec l'eau une pâte liante, et on ne peut douter que cette faculté de l'argile se trouve détruite par les molécules calcaires interposées dans sa masse. Ce qui se passe là pour une marne argileuse nous explique de suite les bons effets d'une marne calcaire dans un terrain fortement argileux, quand même il contiendrait un peu de calcaire.

L'emploi de la marne en agriculture est très-ancien : c'est aux Gaulois et aux Bretons que l'on fait l'honneur de la découverte des bons effets de la marne. Le marnage, négligé pendant quelques siècles, fut remis en vigueur par Bernard de Palissy, qui le vanta énergiquement dans l'ouvrage qu'il fit paraître sur cette matière en 1636.

Les marnes, eu égard à la position qu'elles occupent dans la terre, se trouvent assez habituellement dans les terrains de sédiment peu anciens. Depuis les assises supérieures du calcaire Jurassique jusque dans les terrains de formation récente, elles sont en général disposées par couches d'une épaisseur variable, et la marne paraît d'autant plus calcaire qu'elle est prise plus profondément dans les couches inférieures.

Les marnes dans le sein de la terre, ou lorsqu'elles sont exposées à l'air, ont des couleurs variables, parce qu'elles contiennent des traces d'oxides métalliques.

L'aspect des terrains qui en contiennent presque à fleur de sol est remarquable par la nature des plantes qui y croissent. Ici ce ne sont plus, comme sur les sols exempts de calcaire, de la petite oseille, des fougères, des digitales ; ces plantes se trouvent remplacées par des sauges, des plantains, des pas d'ânes, des arrête-bœufs et des ronces.

Les marnes offrent des proportions variables relativement à leur composition. On les a divisées par groupes doués de caractères particuliers, qui les rendent propres à être appliquées avantageusement sur différents sols.

Nous avons des marnes calcaires,
—   argileuses,
—   sableuses ou siliceuses,
—   plâtreuses,
—   magnésiennes,
—   humeuses.

Les marnes *calcaires* contiennent au moins 50 0/0 de carbonate de chaux, au plus 90 à 95 ; le reste est du sable ou de l'argile. Ces marnes, par leur composition, conviennent très-bien aux terres dépourvues de carbonate de chaux ; mais employées sur les sols déjà calcaires, elles les rendraient trop brûlants.

Les marnes *argileuses* sont celles qui renferment de 10 à 50 0/0 de carbonate de chaux, de 50 à 75 0/0 d'argile, le reste en sable. Ces marnes sont bonnes pour les terrains légers, sablonneux ; elles ont d'autant plus de difficulté à se déliter, qu'elles sont plus argileuses.

Les marnes *sableuses* ou *siliceuses* sont celles qui contiennent de 10 à 50 0/0 de calcaire, 25 à 75 de sable, le reste est de l'argile. Ces marnes conviennent parfaitement aux sols argileux ; car par leur sable elles modifient de la manière la plus avantageuse la constitution physique de ces sols.

Les marnes *plâtreuses* sont toutes celles qui contiennent du plâtre, et la présence de ce corps suffit pour nous indiquer que ces marnes produisent de bons effets sur les prairies artificielles. Il en existe en France un gisement entre Gannat et Saint-Pourçain (Auvergne).

Les marnes *magnésiennes* sont celles qui contiennent de la magnésie. Il n'y a guère qu'en Angleterre qu'on puisse les employer ; car on n'en trouve pas en France.

Les marnes *humeuses* sont celles qui contiennent des débris organiques soit végétaux, soit animaux ; en vertu même de la présence de ces corps, ces marnes doivent renfermer des traces d'azote en proportion variable.

Puisque les marnes que peut employer l'agriculture ont des compositions si diverses, et que leur action sur nos terres doit se trouver en rapport avec les éléments qui les constituent, l'agriculteur doit donc s'assurer d'abord de leur composition ; puis il doit chercher dans leur emploi à établir une certaine relation entre la composition de son sol et celle de la marne. Or, relativement à son emploi, nous pouvons établir trois types qui pourront rendre service à la pratique agricole.

1° *Marnes riches en calcaire.* — Pour les terrains argileux dépourvus de carbonate de chaux.

2° *Marnes argileuses.* — Pour les terrains pauvres en argile ou sablo-calcaires.

3° *Marnes sableuses.* — Pour les terrains argilo-calcaires.

Quant à la composition de la marne, on ne saurait l'établir que par l'analyse. L'analyse d'une marne est une opération simple que chaque agriculteur lui-même peut faire. Ainsi, l'on prend un kilogramme de marne que l'on mélange le plus uniformément possible pour obtenir une bonne moyenne ; puis, ensuite, on en pèse 5 grammes ou 100 grains que l'on dessèche à la température de l'eau bouillante jusqu'à ce qu'elle ne perde plus de son poids. On pèse de nouveau ; la perte de poids indique la quantité d'eau contenue. Supposons qu'elle ait perdu 0,75 centigrammes ou 15 grains, on note d'abord l'humidité 15 pour 100.

Le reste est ensuite traité par de l'eau distillée ou de pluie contenant un quart de son poids d'acide nitrique. Il y a effervescence ; tout le carbonate de chaux se dissout et laisse un résidu argileux ou siliceux insoluble. Lorsqu'il ne se dégage plus de gaz et que la liqueur reste acide, on verse le liquide et le résidu sur un double filtre en papier placé dans un entonnoir en verre, et on lave avec de l'eau distillée ou de l'eau de pluie jusqu'à ce que l'eau ne soit plus acide, c'est-à-dire jusqu'à ce qu'elle ne rougisse plus le papier de tournesol. On fait dessécher le double filtre à la chaleur de l'eau bouillante, et, lorsqu'il est parfaitement sec, on détache facilement le filtre qui sert de double, puis on le porte sur un plateau de balance; sur l'autre plateau, on met le filtre qui contient le résidu, et on pèse. La différence indique le poids du résidu. Supposons qu'il soit de 1,25 centigram. ou 25 grains, on note alors : résidu = 25 grains. La partie dissoute indique la richesse en calcaire et on la dose par différence. Dans ces conditions elle serait de 3 grammes ou 60 grains et nous résumerions notre analyse par ces chiffres :

Pour 100 de marne :

1° Eau..............................	15
2° Résidu ou partie insoluble...........	25
3° Carbonate de chaux ou calcaire.......	60
	100

Le résidu ou la partie insoluble est formée d'argile ou de sable. Lorsqu'on veut s'assurer de la nature de ce résidu, le toucher peut l'indiquer, car l'argile est douce à la main ; la silice, au contraire, est rugueuse. Mais si le résidu était un mélange d'argile et de sable, on pourrait les séparer par le moyen que je vous indiquais lors de l'analyse des terres, c'est-à-dire par l'opération mécanique appelée *lévigation*.

Tel est le moyen simple et pratique que l'on doit d'abord employer pour s'assurer de la composition de la marne.

Cette analyse nous indique bien la quantité de calcaire contenue dans notre marne ; mais elle n'indique nullement l'état physique de ce calcaire. Elle ne nous indique pas plus si ce calcaire se délitera bien, s'il se divisera facilement, propriété importante et indispensable. Pendant longtemps on n'a pas tenu compte de cette propriété ; aussi, des marnes dans lesquelles l'analyse constatait chimiquement des quantités de calcaire égales donnaient à la pratique des résultats bien différents, même lorsqu'elles étaient placées sur des sols identiques.

M. de Gasparin est le premier qui signala à l'attention des agronomes la présence, dans quelques marnes, de rognons ou nodules calcaires très-durs, non délitables et par conséquent sans action sur les sols. Ayant à rendre compte de la différence des effets produits par deux marnes du Gers dans lesquelles l'analyse constatait de minimes différences auxquelles on ne pouvait attribuer des résultats aussi opposés, il les mit à déliter dans l'eau et constata que celle qui produisait de bons résultats se délitait entièrement ; que l'autre, au contraire, qui ne donnait pas de résultats avantageux, laissait 87,5 pour 100 de nodules calcaires qui s'opposent, par leur constitution physique, à l'assimilation en même temps qu'ils ne peuvent modifier la constitution physique du sol.

Dans l'emploi de la marne il faut donc s'assurer si elle se délite bien.

Lorsqu'on veut vérifier ce fait, on prend un kilogramme de marne qu'on plonge dans l'eau et qu'on y laisse pendant une heure. Ensuite on agite et on décante, on remet de nouvelle eau qu'on laisse agir encore et l'on décante. On réitère l'opération jusqu'à ce que l'eau sorte claire ; s'il reste des nodules au fond du vase, on les recueille, on les pèse et on peut ainsi déterminer le rapport de leur poids à celui de la masse. J'insiste sur cette simple opération, qui est très-importante au point de vue pratique.

Emploi de la marne.

La marne doit, comme la chaux, être répandue très-uniformément sur le sol ; on la dispose donc par petits tas sur le sol, à égale distance. Il est dans l'usage, lorsqu'elle est ainsi placée, de lui laisser passer l'hiver sur le sol, de manière à ce qu'elle se délite bien. L'influence du froid de l'hiver est une condition favorable pour obtenir ce résultat.

On l'étale au printemps, et lorsquelle est bien épandue, on herse par un temps sec et l'on donne plusieurs labours peu profonds, afin de l'incorporer le plus convenablement possible dans la masse de terre arable.

Quantité de marne à répandre.

La dose de marne à donner à la terre varie suivant les localités, selon la nature du sol, suivant la richesse de la marne. Je pourrais ajouter ici que, généralement, on marne trop fort. Dans la Sarthe on emploie habituellement de 50 à 170 hectolitres par hectare, dans la Brie où l'on marne fréquemment, on met de 100 à 250 hectolitres à l'hectare. La durée de son action est variable, suivant la nature du sol et suivant les récoltes qu'on obtient. Si le marnage n'avait pour but, sur un sol suffisamment calcaire, de restituer les pertes occasicnnées par les récoltes épuisantes en calcaire de trèfle et luzerne, deux ou trois hectolitres par hectare et par année seraient plus que suffisants pour obtenir un bon résultat. La nécessité d'un nouveau marnage se fait sentir lorsque sur le sol reparaissent des plantes acides, oseilles, digitale, etc.

M. Puvis, qui a étudié avec tout le soin possible l'action du marnage sur les sols, tenant compte de la composition des sols les mieux connus et des résultats produits par les marnages les mieux étudiés dans leurs effets, avait été conduit à admettre que la dose de carbonate de chaux qui paraît la plus avantageuse pour la bonne production du sol est de 3 p. %° de calcaire.

Mais M. de Gasparin pense que l'on peut souvent descendre au-dessous de ce chiffre. L'analyse a établi que beaucoup de sols très-fertiles en contiennent des quantités moindres, et l'expérience a prouvé qu'on pouvait obtenir de bons résultats de marnage en n'introduisant que 1/2 p. %° de carbonate de chaux dans l'épaisseur de la couche arable.

Cherchons à établir ici, pour le marnage, des chiffres qui pourront vous servir dans la pratique agricole. Supposons un sol exempt de calcaire dans lequel nous voulons introduire 1 % de calcaire comme chiffre pouvant donner de bons résultats. Recherchons d'abord la quantité de marne pure qu'il nous faut répandre sur un hectare de terre pour obtenir ce résultat. Un hectare de terre vaut 10,000 mètres carrés : admettons que la profondeur du labour soit de 18 centimètres, le volume total de la terre sur laquelle nous agirons sera alors de 1,800 ^{m}. cubes. Le poids d'un mètre cube est de 1,200 kilos. Pour avoir 1 p. % de calcaire par mètre cube il nous faut 12 kilos de carbonate de chaux pur par mètre cube, soit pour les 1,800 mètres cubes : 21,600 kilos, en chiffres ronds 22,000. Voici un premier point établi ; il nous faut 21,600 de calcaire pur pour fournir à un hectare de terre, dont la profondeur du labourage serait de 18 centimètres, 1 p. % de carbonate de chaux. Voyons maintenant ce qu'il nous faut de marne. Pour cela il nous faut connaître le dosage en carbonate de chaux de notre marne. Supposons qu'elle dose 50 p. % de carbonate de chaux, et nous admettrons aussi que le poids d'un mètre cube de marne est égal au poids d'un mètre cube de terre. Or, pour avoir la quantité de marne nécessaire à la production de 1 p. % de calcaire, il nous suffira d'établir la proportion suivante : si 50 de carbonate de chaux représentent 100 kilos de marne, combien 22,000 kilos de carbonate de chaux représenteront-ils ?

$$50 : 100 :: 22,000 : x, \text{ d'où } x = \frac{22,000 \times 100}{50} = 44,000 \text{ kilos.}$$

Il nous faut donc 44,000 kilos de marne à 50 % pour introduire 1 % de calcaire dans notre sol. En divisant ce chiffre par

1,200, poids du mètre cube de marne, on a 36,6 mètres cubes ou 366 hectolitres de marne contenant 50 . % de carbonate de chaux. Si au lieu d'introduire 1 % de calcaire on en voulait mettre 2 ou 3 avec une pareille marne, il faudrait multiplier le produit obtenu par 2 ou par 3, soit 366 hectolitres × par 2 ou par 3.

Si la marne avait 55, 60, 70, 80 %, il faudrait, dans la proportion précédente, remplacer le chiffre 50 par les chiffres 55, 60, 70, 80, et faire le même calcul. On arriverait alors aux chiffres suivants :

Il faudrait d'une marne à 55 % de calcaire pour introduire 1 % dans la couche arable d'une profondeur de 18 centimètres 33,3 mètres cubes ou 333 hectolitres pour un hectare ;

Pour une marne à 60 % 30 mètres cubes ou 300 hectolitres.

—	65 %	26,7	—	267	—
—	70 %	23,3	—	233	—
—	75 %	20	—	200	—
—	80 %	16,7	—	167	—
—	85 %	13,3	—	133	—
—	90 %	10	—	100	—

Ce qui revient à dire qu'au fur et à mesure que la richesse en calcaire de la marne augmentera de 5 %, il faudra diminuer le marnage de 33 hectolitres ou 3,3 mètres cubes.

Action de la marne.

La marne exerce sur les sols une action double : action mécanique, action chimique. Comme action mécanique, elle facilite l'ameublissement des sols très-compactes et l'augmentation de la tenacité du sol dans les terres légères.

Comme action chimique, d'abord, elle fournit au sol l'élément calcaire qui lui manque ; par la propriété du carbonate de chaux elle sature les acides. Sa présence facilite la décomposition des matières organiques. La pratique agricole sait très-bien que les terres calcaires exigent de fréquentes fumures, qu'ils brûlent les engrais, comme disent certains cultivateurs. Mathieu de Dombasle vous dit que les bourres, les poils, les cornes ne se décomposent bien que dans les sols calcaires. Selon M. de Gasparin l'action de la marne serait due à une action chimique particulière. Lorsqu'on abandonne au contact de l'air un morceau de marne et qu'au bout d'un certain temps on vient à le lessiver, on trouve que ce carbonate de chaux, qui est insoluble par lui-même, se dissout un peu, et cette portion est d'une part du bi-carbonate de chaux soluble et un peu de nitrate de chaux. Ainsi, sous l'influence de l'acide carbonique de l'air, le carbonate de chaux s'est transformé en sel soluble en même temps que sous l'influence du calcaire l'azote et l'oxigène de l'air ont formé de l'acide nitrique qui, en s'unissant à la chaux, a produit du nitrate de chaux.

Or, n'avons-nous pas dans le sol tout ce qu'il nous faut pour fournir un pareil résultat, des matières organiques azotées qui en se décomposant donneront l'acide carbonique et l'azote nécessaire. Ce sel, le *bi-carbonate de chaux*, peut nous faire comprendre aussi la forme sous laquelle le calcaire est assimilé; quant au nitrate de chaux il doit aussi jouer un rôle dans l'alimentation du végétal ; nous nous en occuperons lorsque nous traiterons les nitrates.

Certaines marnes contiennent en outre des quantités minimes d'azote et de phosphate de chaux. Ces quantités ne sont que des millièmes, mais, eu égard aux quantités de marnes répandues sur un hectare de terre, elles peuvent néanmoins fournir leur contingent de fertilité.

En résumé, l'emploi judicieux du marnage rend tous les jours à l'agriculture les plus grands services.

Il introduit dans le sol l'élément calcaire indispensable à la fertilité de la terre.

Il détruit l'acidité du sol qui le rend improductif.

Il modifie la constitution physique en rendant les sols compactes plus *ameublis* et en donnant de la consistance aux sols légers siliceux.

Il facilite par sa présence la décomposition des matières organiques en les transformant ainsi en des produits plus assimilables pour les récoltes.

Le marnage comme le chaulage, par cela même qu'il détruit facilement les matières organiques du sol, nécessite l'emploi de fumures bien soutenues, sans quoi la terre ne tarderait pas à s'appauvrir et à devenir improductive.

Pour marner comme pour chauler, il ne faut pas mélanger le fumier avec la marne. Nous avons dit plus haut qu'il faut répandre d'abord cet engrais ; puis, quand il est bien délité, on fume. C'est dans ces conditions que le marnage produit les meilleurs résultats.

19ᵉ LEÇON.

PLATRAGE DES SOLS.

PLATRE (SULFATE DE CHAUX), GYPSE.

Cette opération agricole s'effectue en répandant, sur certaines récoltes spéciales ou dans les sols qui les contiendront, une substance minérale, vulgairement connue sous le nom de plâtre, gypse; en chimie, sulfate de chaux.

Ce corps existe dans quelques localités de la France en quantités assez considérables. On le trouve dans les marnes irisées de la Meuse ou de l'Aveyron, dans les Alpes et dans les Pyrénées ; mais c'est surtout dans le bassin tertiaire de Paris, à Montmartre, qu'on le rencontre en gisements énormes qu'on exploite pour les besoins de la construction. Le plâtre est un véritable sel formé d'acide sulfurique, de chaux et d'eau. Sa composition peut être représentée par :

Sur 100.			Ou :	
Chaux	33	Sulfate de chaux........	80
Acide sulfurique.	47	Eau	20
Eau.............	20		
	100		100

Il est solide, blanc, cristallisé, indécomposable par la chaleur, peu soluble dans l'eau; car 1 gramme de plâtre exige 300 grammes d'eau pour se dissoudre. Il est facilement réduit ou décomposé sous l'influence des matières organiques ; c'est à cette décomposition qu'est due l'odeur infecte des fumiers plâtrés. Extrait des carrières qui le recèlent pour servir aux besoins de la construction, il subit une cuisson dans des fours particuliers, dont la voûte est construite elle-même en plâtre.

Il faut, pour la cuisson de ce corps, une chaleur peu intense de 200 degrés environ; car elle n'a d'autre but que de lui faire perdre l'eau qu'il contient et dont la quantité s'élève à 20 °/₀. Le plâtre cuit est plus friable, et quand il est mis en poudre et en contact avec l'eau, il l'absorbe rapidement en dégageant un peu de chaleur. Il reprend alors l'eau que la cuisson lui a fait perdre et on dit qu'il est gâché. Il doit donc, pour conserver cette propriété, être tenu à l'abri de l'humidité. Le plâtre qui a perdu la propriété de se gâcher est, dit-on, éventé.

Nous avons déjà vu le parti que l'agriculture pouvait en tirer pour la conservation de l'ammoniaque de certains engrais ; nous allons maintenant examiner son emploi sur une plus grande échelle et les résultats qu'on en obtient.

Le plâtre paraît avoir été employé depuis longtemps en agriculture ; mais cet emploi était limité à certaines contrées du Hanovre. Ce n'est guère que vers le milieu du xviii° siècle que l'usage s'en répandit. Les premières expériences sérieuses appartiennent au pasteur protestant Mayer qui en communiqua les résultats à la Société Économique de Berne. Celle-ci répéta les expériences de Mayer, qui furent suivies des plus grands succès.

L'usage du plâtre s'étendit alors rapidement, et son introduction en France date de 1771. Les premiers essais en furent faits chez nous, dans le Dauphiné. La découverte se répandit ensuite en Allemagne, en Angleterre et aux États-Unis.

On vit alors arriver ce qui se passe toujours en pareil cas; l'engoûment pour l'emploi du plâtre fut tel que ses partisants le considéraient comme l'engrais par excellence, engrais capable de remplacer tous les autres, convenant à toute espèce de sols, indispensable à toute espèce de cultures. Mais le plâtre eut aussi ses détracteurs, et parmi ces derniers se trouvaient les Inspecteurs des salines. Ces fonctionnaires livraient alors à l'agriculture, sous le nom de *schlot*, le dépôt qui se trouvait au fond des chaudières où l'on faisait évaporer les eaux tenant en dissolution le sel marin. Ce résidu ou *schlot* était acheté à cette époque par l'agriculture, qui l'utilisait avantageusement.

On le répandait avec succès sur les prairies artificielles où il produisait les meilleurs effets. Sa composition, que je vous retrace ici, nous démontrera facilement que les bons effets obtenus alors appartenaient au plâtre ; car telle est la composition du schlot sur 100 parties :

Sulfate de chaux.....	40 à 41	
Sulfate de soude.....	25 à 53	variables comme on le voit.
Sel marin	6 à 10	

Or, si le plâtre pouvait remplacer avec avantage l'usage de ce produit, il était évident que MM. les Inspecteurs des salines perdaient la vente de leur résidu, qu'ils considéraient, eux aussi, comme étant la matière par excellence et qu'aucune autre substance ne pouvait remplacer.

Au milieu des discussions qui s'élevèrent, l'administration supérieure, dans le but de s'éclairer et pour obtenir des raisons bien concordantes sur l'utilité et la valeur de l'emploi du plâtre, ouvrit une enquête, et s'adressant aux agronomes les plus distingués de France, elle leur posa les questions suivantes :

1° Le plâtre agit-il favorablement sur les prairies artificielles ?

Sur 43 opinions émises, 40 affirmatives, 3 négatives.

2° Le plâtre agit-il favorablement sur les prairies artificielles dont le sol est extrêmement humide ?

Sur 10 opinions émises, non, à l'unanimité.

3° Le plâtre peut-il suppléer à l'engrais du sol ou, en d'autres termes, un sol stérile peut-il porter une prairie artificielle par le fait seul du plâtrage ?

Sur 7 opinions émises, non, à l'unanimité.

4° Le plâtre augmente-t-il la récolte des céréales ?

Sur 32 opinions émises, 30 négatives, 2 affirmatives.

Les réponses faites par la pratique éclairée de l'agriculture nous donnent d'abord le droit d'établir les conclusions suivantes :

L'action du plâtre se fait sentir surtout sur les prairies artificielles dont le sol n'est pas humide, et il pouvait, par conséquent, remplacer avec avantage le *schlot* des Inspecteurs des salines ;

Le plâtre, quoi qu'en puissent dire ses partisans, n'est pas un engrais s██████ ; son application ne saurait être suivie de bons résultats que sur des sols bien fournis d'humus ou matières organiques. Crud a dit avec raison que le plâtrage ne produit de bons effets que sur un sol riche.

Enfin, son action ne semble pas se faire sentir sur les céréales.

Mais ces réponses, toutes concluantes qu'elles soient, ne nous indiquent que des résultats sans nous donner la valeur de ces résultats ; aussi, je vais mettre sous vos yeux quelques expériences détaillées faites en France et en Angleterre par M. de Villèle et M. Smith. Ces expériences emportent avec elles des résultats établis par des chiffres.

Expériences de M. de Villèle.

Ces opérations ont été faites dans le midi de la France sur la culture comparée du trèfle et du sainfoin plâtrés et non plâtrés.

NATURE DE LA TERRE	Culture.	Plâtre par hectare.	Récolte plâtrée.	Récolte non plâtrée.	Différence en faveur du plâtre.
			Poids des fanes sèches	Poids des fanes sèches	
Légère, sèche, exposée au midi, 2 à 3 décimètres de profondeur, sur *sous-sol* crayeux.	Sainfoin.	800 kilos.	3,500 kil.	2,200 kil.	1,300 kil.
	Sainfoin.	500	4,000	2,000	2,000
	Sainfoin.	700	3,300	2,100	1,200
Terre forte, argileuse, au nord, 5 décimètres de profondeur, sur glaise.	Trèfle.	500	5,000	2,500	2,500
	Trèfle.	700	4,000	2,400	1,600

Expériences de M. Smith, en Angleterre.

	Fanes sèches de sainfoin par hectare.	Graines de sainfoin sèches par hectare.	Poids total de la Récolte sèche.
Récolte sur une terre non plâtrée, 1 mètre de profondeur, avec sous-sol crayeux.	3,662 kilos.	459 kilos.	4,121 kilos.
Même sol contigu, ayant reçu à l'hectare 538 litres de plâtre.	5,959 kilos.	635 kilos.	6,594 kilos.
Récolte sur la même terre végétale, non plâtrée, 8 centimètres de profondeur.	2,256 kilos.	72 kilos.	2,328 kilos.
Récolte sur le même sol contigu, ayant reçu 538 litres de plâtre.	5,323 kilos.	230 kilos.	5,553 kilos.

Les expériences faites sur des cultures comparées de trèfle blanc plâtré et non plâtré ont donné les mêmes résultats et

nous permettent de tirer les conclusions suivantes, savoir : que
le plâtre employé sur les prairies artificielles, sainfoin ou trèfle,
double en moyenne le produit des récoltes.

Emploi du plâtre.

La quantité de plâtre à répandre sur un hectare de terre
varie suivant les localités, la nature du sol et son état de culture.
Cette dose est habituellement comprise entre 200 et 600 kilos ;
on a quelquefois été jusqu'à 1,000 kilos. C'est surtout aux Etats-
Unis qu'on l'emploie en quantités aussi considérables, qui sont
exportées annuellement de Montmartre depuis la mémorable
expérience de Franklin. Pour convaincre ses compatriotes des
bons résultats du plâtre, Franklin, dans un champ de luzerne
situé sur le bord d'une grande route près de Washington, traça
avec une traînée de plâtre ces mots devenus mémorables : *Ceci
a été plâtré.* L'effet produit par le plâtre sur la prairie fut si
tranché que ces mots pouvaient être lus par les voyageurs qui
distinguaient bien par cela même l'endroit où le plâtre avait été
semé dans la prairie et l'avantage que l'on pouvait retirer de
son usage.

Y a-t-il avantage à l'employer cru ou cuit ? Pendant longtemps les opinions ont été divisées sur ce sujet ; mais puisque
la cuisson ne fait perdre au plâtre que de l'eau, la théorie semble
devoir faire supposer que son action serait la même, et il est
établi aujourd'hui que le cultivateur peut employer l'un ou
l'autre. Le plâtre cuit est naturellement plus cher, mais il est
beaucoup plus facile à réduire en poudre que le plâtre cru, qui
par cela même exige plus de frais pour être pulvérisé. Dans ces
conditions la question de prix est à peu près la même.

Le plâtre s'emploie habituellement au printemps, lorsque les
plantes sur lesquelles on veut le répandre ont acquis un certain
développement. On le répand en poudre en le semant à la main,
pour l'étendre le plus uniformément possible. En pratique
agricole, on a l'habitude de le répandre le matin à la fraîcheur.
Une pluie survenant après son épandage semble en favoriser
l'effet. On a cru pendant longtemps qu'il était nécessaire qu'il
s'attachât aux feuilles, mais ici encore la pratique agricole a
constaté que cette mesure était insignifiante ; puisque, incorporé dans le sol en automne, le plâtre donne en général plus
de force aux récoltes sensibles à son action. On peut donc l'incorporer dans le sol en répandant la semence de la prairie artificielle. Mathieu de Dombasle obtenait de bons résultats en donnant un demi-plâtrage à l'automne et le reste au printemps
suivant.

Semé au mois d'août, après la moisson, sur les trèfles de l'année, il fait produire une bonne coupe au mois d'octobre, si surtout il survient une pluie pour en faciliter l'action.

Action du plâtre.

Bien des théories ont été émises pour justifier l'action du plâtre, mais aucune de ces théories n'est suffisante. Je vais cependant les mettre sous vos yeux ; elles vous démontreront les efforts que fait la science, lorsqu'elle recherche l'explication des phénomènes de la nature. Quoi de plus frappant en effet et de plus digne d'exciter la curiosité des savants que l'emploi de 2 ou 300 kilos d'une substance minérale comme le plâtre doublant le produit de certaines récoltes ?

1° La première théorie était celle-ci : le plâtre absorbe facilement l'eau ; il peut donc maintenir au sol une certaine quantité d'humidité nécessaire à la végétation, et il n'abandonne cette eau que peu à peu, au fur et à mesure des besoins de la plante.

Cette théorie tombe d'elle-même ; le plâtre, quand il est cuit, perd 20 pour cent d'eau. Admettons que l'on en eût répandu une dose considérable, comme 1,000 kilogrammes ; ces 1,000 kilos reprendront 200 kilos d'eau, qui représentent à peine une rosée ou la plus légère pluie. Du reste le plâtre cru, qui n'absorbe pas d'eau, agit aussi bien que le plâtre cuit. La théorie n'est donc pas admissible.

2° On a dit : Le plâtre, pendant son épandage, s'attache aux feuilles ; il produit une sorte d'irritation, d'excitation qui donne à la plante plus de puissance pour tirer du sol et de l'atmosphère tout ce qu'il lui faut pour produire un surcroît de récoltes.

Cette théorie est encore vicieuse ; car l'expérience a établi que le plâtre incorporé au sol produisait d'aussi bons résultats.

3° M. Davy prétendait que les cendres des récoltes qui avaient été plâtrées contenaient une quantité notable de sulfate de chaux. Pour lui, les récoltes plâtrées absorbaient donc le plâtre en nature qui était en dissolution dans les eaux pluviales. La présence de ce sel dans la fibre ligneuse était suffisante pour expliquer le surcroît de récoltes.

Examinons s'il peut en être ainsi. Le plâtre, avons-nous dit, est soluble dans l'eau ; mais il est peu soluble, puisqu'un litre d'eau n'en peut dissoudre que 3 grammes. Or, admettons qu'on en ait répandu une quantité considérable, 1,000 kilogr., il nous faudrait 300,000 kilogr. d'eau. Mais cette quantité n'est guère que la dixième partie de l'eau qui tombe à la surface d'un hectare de terre depuis le plâtrage jusqu'à la récolte.

Donc la présence de l'eau de pluie serait bien suffisante pour expliquer l'introduction du plâtre dans une récolte. Mais M. Boussingault, en faisant l'analyse, n'a pu constater la présence du sulfate de chaux en plus grande quantité dans les cendres du trèfle plâtré que dans l'autre. Cette théorie est donc encore inadmissible. Le sulfate de chaux n'agit pas sur la végétation, parce qu'il est introduit dans le tissu végétal par l'eau des pluies.

Une théorie ingénieuse est celle qui a été imaginée par l'illustre Liébig, qui vous dit : L'air atmosphérique contient du carbonate d'ammoniaque volatil, qui est ramené sans cesse à la surface du sol par l'eau des pluies. Le sulfate de chaux répandu sur votre hectare de prairies artificielles transforme ce carbonate d'ammoniaque en sulfate d'ammoniaque fixe, qui reste au sol et peut servir ainsi au développement du surcroît de récoltes obtenu par l'épandage du plâtre.

M. Boussingault, discutant cette théorie, répond : Une récolte de trèfle non plâtrée est de 2,500 kilogrammes ; une récolte plâtrée est de 5,000 kil. L'excédant est donc de 2,500 k. au plus. Or, ces 2,500 kil. de trèfle, excédant de la récolte, représentent au plus 50 kilos d'azote ou 140 kilos de carbonate d'ammoniaque. Il faut donc, pour justifier la théorie de Liébig, que toute la pluie tombée depuis l'épandage du plâtre jusqu'à la récolte apporte au sol cette quantité de carbonate d'ammoniaque. Mais il faudrait alors que la pluie tombée renfermât $\frac{1}{17,000}$ de carbonate d'ammoniaque, tandis que les analyses en constatent une quantité moins considérable.

Si, du reste, telle était l'action du plâtre, les prairies naturelles plâtrées jouiraient du même bénéfice ; mais le plâtre est sans action sur elles. D'un autre côté, l'expérience pratique a prouvé que le sulfate d'ammoniaque produisait de bons résultats sur les céréales ; pourquoi le plâtre, s'il a pour but d'accumuler dans le sol du sulfate d'ammoniaque, pourquoi ce sel, dans ces conditions, serait-il sans action sur les céréales ? M. Boussingault, ne pouvant expliquer l'action du plâtre comme sulfate de chaux, s'est demandé si son action ne serait pas due plutôt à l'acide sulfurique ou à la chaux du plâtre. Or, ses expériences lui ont d'abord démontré que la quantité d'acide sulfurique obtenue des cendres de plantes plâtrées et non plâtrées ne présentaient pas d'assez grandes différences dans la quantité d'acide sulfurique trouvée, pour faire supposer qu'on devait attribuer le rôle du plâtre à l'acide sulfurique. Mais il n'en est pas de même de la chaux sous l'influence du plâtrage ; une récolte de trèfle qui n'enlève que 28 à 30 kilos de chaux ordinairement, peut en enlever alors de 90 à 105 kilogrammes.

Le plâtrage, d'après M. Boussingault, équivaudrait donc à un chaulage. Le plâtre, réduit sous l'influence des matières organiques, serait transformé en un sel de chaux plus soluble que le carbonate de chaux, qui fournirait ainsi aux récoltes plus facilement le calcaire qui leur est nécessaire.

Telles sont les théories émises par les savants pour expliquer l'heureux effet du plâtre.

En résumé le plâtre agit d'une manière admirable sur les prairies artificielles, luzerne, trèfle et sainfoin. Il agit aussi sur les vesces, pois, haricots, etc. Son action paraît encore sensible sur le tabac, sur les choux, le colza, la navette, le chanvre, le lin et le sarrazin. Il n'agit presque pas sur les prairies naturelles, son action est douteuse sur les récoltes sarclées ordinaires et nulle sur les céréales et les graminées.

Mais à côté des avantages du plâtre, nous devons placer les inconvénients qui en résultent. Par suite de productions considérables répétées à peu de distance sur les champs de la Beauce, et obtenues au moyen du plâtre, le sol ne permet qu'avec difficulté une récolte de prairies artificielles. Ce fait est des plus importants, car, le développement des prairies artificielles est la base de toute culture, et sert à l'alimentation du bétail, qui non-seulement est pour le cultivateur la véritable machine à fumier, mais constitue par ses divers produits des avantages aussi grands peut-être que la production des céréales. Comment l'usage répété du plâtre empêche-t-il le retour des récoltes de prairies artificielles ? Il est facile de comprendre qu'en doublant ainsi les récoltes on enlève au sol, dans un même temps donné, une quantité plus considérable de ses matières organiques et minérales. Cependant le sol reste encore très-propre à la production des céréales.

Mais comme les plantes qui constituent les prairies artificielles sont munies de racines qui s'enfoncent dans le sol profondément, on peut se demander si l'épuisement ne viendrait pas du sous-sol, et alors ne peut-on pas supposer que les racines des prairies artificielles ne trouvant plus dans le milieu où elles s'enfoncent les éléments nécessaires, ne pourraient se développer ? Cette question est, du reste, posée à la science ; espérons qu'elle la résoudra d'une manière avantageuse, en donnant ainsi à la Beauce les moyens de maintenir la production des prairies artificielles qui fournissent à l'agriculture une de ses ressources les plus importantes.

20e LEÇON.

—

GUANO.

—

ORIGINE. — PROVENANCES. — EMPLOI.

On a découvert depuis longtemps, sur tout le littoral du Pérou et de la Bolivie, un engrais particulier connu sous le nom de *Huano*, appelé vulgairement chez nous *Guano*. Cet engrais se trouve dans les îlots de la mer du Sud, et particulièrement aux îles *Chinchas*.

Je dois à l'obligeance d'un Orléanais, témoin oculaire de son extraction, l'avantage de quelques détails sur la manière dont s'exploite le guano.

Les îles *Chinchas* sont au nombre de trois, situées à deux lieues de Pisco, parmi lesquelles l'île du Sud est seule exploitée. Elle est habitée par divers peuples ; mais ce sont les Chinois qui extraient le guano. Cet engrais est à fleur de terre : le sol sur lequel on marche n'est que guano, dont l'épaisseur est variable. Les Chinois le piochent, comme les terrassiers font chez nous pour la terre ; quand ils en ont une certaine quantité ils la mettent dans des brouettes, qu'on vide ensuite dans des tombereaux placés sur des rails de fer et traînés par des ânes ou des mules.

Une fois que ces tombereaux sont chargés, ils les conduisent sur le rivage, qui est très-élevé, et là ils ont une hutte à ciel ouvert. A cette hutte est une ouverture circulaire à laquelle est adapté un long tuyau en grosse toile qui a presqu'un mètre de circonférence. Au bas de ce tuyau attend une embarcation qui reçoit ce qu'on jette dans la manche de toile. On met ordinairement quatre hommes dans cette embarcation ; puis, quand elle est chargée, on la ramène à bord du navire. Maintenant, pour charger le navire, on attache une poulie sur l'étai qui lie le grand mât au mât de misaine : on passe une corde sur cette poulie; au bout de la corde, on fixe un panier ou manne que l'on descend dans la chaloupe, et les hommes qui sont dans cette embarcation chargent ce panier avec des pelles. Une fois chargé, on le hisse à bord et on vide le contenu dans la cale. Mais comme tout tombe dans le même endroit, il faut, après que la poussière est abattue, descendre dans la cale et étendre le guano partout successivement, jusqu'à ce que le chargement soit complètement fini. Cela est très-long ; car il faut près de deux mois pour charger un navire de 800 tonneaux, dont chacun pèse 1,000 kilos. Le chargement d'un navire entier est donc de 800,000 kilos.

Quelle est l'origine de pareils dépôts ? Dans le principe, comme on y trouvait mélangés des débris de plantes, des plumes, des coquilles d'œufs et des os de poissons ; comme en outre le guano, par sa composition, a beaucoup d'analogie avec la colombine ou fiente de pigeon, on supposait que ces dépôts étaient formés par la fiente d'oiseaux aquatiques qui avaient vécu dans ces parages. Depuis, d'autres savants ont admis que le guano était formé d'excréments fossiles d'animaux antédiluviens.

Quelle que soit l'origine du guano, constatons ici que depuis sa découverte, on en a trouvé d'autres gisements semblables dans d'autres régions du globe : en Afrique, dans les dépendances du Cap de Bonne-Espérance, dans les îles Ichaboé et dans plusieurs autres endroits. Ces guanos, si du reste ils ont la même origine, sont loin, comme nous le verrons tout à l'heure, d'avoir la même composition chimique et par cela même ils n'ont pas la même valeur agricole.

Le guano le plus estimé est sous une forme pulvérulente ou en masses agglomérées, de couleur brune, jaunâtre ; les masses en sont souvent parsemées de stries blanches. Il a une odeur putride ammoniacale prononcée. Quelquefois on en rencontre ayant une couleur orangée à odeur musquée ; cette espèce a moins de valeur. Relativement à sa densité, on trouve aussi des différences suivant les provenances. Ainsi :

Le guano du Pérou et de la Bolivie pèse	93	kil.	l'hectolitre.
— des îles Ichaboé............	80	—	
— Angra Pequenna..........	99	—	
— de l'île de la Possession.....	103	—	
— Puerto Cabello...........	87	—	

Si donc le guano se vendait à l'hectolitre, ces chiffres seraient peut-être un moyen de constater son origine.

Le premier échantillon de guano du Pérou fut rapporté en Europe par M. de Humboldt et remis à MM. Fourcroy et Vauquelin pour en faire l'analyse.

Ces deux illustres chimistes y constatèrent la présence des matières suivantes :

De l'acide urique.
De l'oxalate d'ammoniaque.
Sel ammoniaque.
Oxalate de potasse.
Phosphate de potasse et de chaux.
Chlorure de potassium.
Une matière grasse.
De la silice ou sable.

Cette analyse nous indique de suite que le guano peut être un puissant auxiliaire de l'agriculture, puisqu'il contient certains éléments azotés et phosphatés qui nous paraissent indispensables à la formation de nos récoltes. M. de Humboldt en recommanda longtemps l'usage avant son emploi, qui ne date que de 1840. A cette époque, une société péruvienne, anglaise et française, dont le siége était à Lima, obtint du gouvernement bolivien, moyennant une redevance, l'exploitation du guano. De 1841 à 1844, plus de 300,000 tonneaux furent importés en Angleterre, où son emploi produisit des effets merveilleux. Depuis cette époque, des quantités considérables en sont importées annuellement tant en Angleterre qu'en France.

Toutefois, parmi les guanos que l'on introduit aujourd'hui, il en est qui proviennent de gisements bien différents et qui présentent dans leur composition des variations considérables. Il importe donc à l'agriculteur qui veut employer du guano de bien se renseigner sur sa composition par une analyse. Les chiffres suivants vont vous convaincre de la différence de composition.

	AZOTE %.	PHOSPHATE DE CHAUX %.
Guano du Pérou.........	14,3	24
— d'Ichaboé	6	30
— Patagonie.........	2	44
— baie de Saldahna ..	1,3	56

Ces analyses ont été faites sur des guanos importés en Angleterre, et elles appartiennent à M. Francis Way, chimiste de la Société royale d'agriculture de Londres.

A l'appui de ces analyses, j'extrais du volume de M. Bobierre, l'analyse des guanos qui sont arrivés dans le port de Nantes de 1852 à 1855 :

GUANOS.	Matières organiques et sels ammoniacaux.	Azote.	Sels de potasse, soude, chaux et magnésie.	Phosphates terreux.	Sable.
Provenances d'Ostende..............	25	4,5	6,2	12.8	56
De Patagonie......	19	1,5	3,5	31,5	46
Pérou 1853........	69,5	16,0	12,0	17,0	1,5
Provenances inconnues...............	16,8	0,6	1,7	24,5	57
Pérou 1855........	68,5	17,5	1,5	29,0	1

Ces chiffres doivent vous démontrer combien la composition des guanos est variable et quel intérêt s'attache pour l'agriculture à connaître leur composition.

Emploi du guano.

Le guano s'emploie habituellement en le semant à la main sur le sol que l'on veut fumer. La pratique agricole en France, en prenant pour type le guano du Pérou, porte la dose pour la fumure complète d'un hectare de terre, de 350 à 400 kilos. Les Anglais emploient 200 kilos qu'ils mélangent à un cinquième de poussier de charbon. Ils prétendent qu'avec cette addition, la seconde récolte est aussi bonne que la première. J'ignore si le fait est exact, mais le mélange du guano et du charbon me paraît rationnel. L'addition du charbon n'a d'autre but que d'absorber les gaz ammoniacaux provenant du guano et de les maintenir ainsi en réserve pourles besoins des plantes. Le guano, comme nous le verrons tout-à-l'heure, a une action spéciale sur les parties herbacées ou pailles : employé en couverture au printemps sur les prairies artificielles, il doit produire les meilleurs effets.

Dans l'emploi du guano en couverture sur les prairies artificielles, l'agriculteur fera bien de le mélanger avec un cinquième de plâtre qui, outre l'avantage qu'il procure par lui-même à ces récoltes, pourra encore fixer l'ammoniaque des sels ammoniacaux volatils du guano.

Si nous recherchons maintenant quelle est la valeur agricole ou l'équivalent du guano par rapport au fumier, nous avons, vous le savez, pour une fumure de 10,000 kilos de fumier, 40 kilos azote et 43 kilos phosphate. Qnelle est la quantité de guano qu'il faut pour remplacer une pareille fumure? Nous admettons que notre guano contient 14 p. % d'azote et 24 p. % de phosphate à l'état sec; à l'état normal comme il dose généralement 15 à 16 p. % d'humidité, 100 kilos contiendront alors 12 kilos d'azote et 20 kilos de phosphate. Donc, pour représenter dans ces conditions 40 kilos d'azote, il nous faudra 333 kilos de guano qui, à 12 p. % azote et 20 p. % phosphate, renferment 40 kilos azote et 67 kilos phosphate, c'est-à-dire 24 kilos de phosphate de plus que le fumier. Voilà pour la valeur agricole !

Voyons pour la valeur commerciale. Notre fumure de 10,000 kilos de fumier nous coûtera, au prix où nous l'avons établi, 100 francs, et nos 333 kilos de guano, au prix commercial actuel de 38 francs les 100 kilos, 127 francs. Mais nous venons de voir que le guano portera 24 kilos de phosphate en plus, qui, s'ils n'ont point été utilisés pour la première récolte, pourront l'être pour les autres. En déduisant le prix de ces 24 kilos à 25 centimes le kilo, on a à déduire 6 francs sur 127 ; il reste donc 121 francs pour une pareille fumure de guano. Or, nous avons établi le prix de l'azote dans le fumier à 2 fr. 25 c. le kilo; dans ces conditions, le calcul établit l'azote à 2 f. 66 c. le kilo, et si le guano n'avait pas cette composition, le prix en serait encore supérieur.

Ces chiffres prouvent d'une manière certaine que, malgré la valeur agricole du guano, il constitue à son prix actuel l'agriculture en perte, car, à fumure équivalente et à récolte égale, il élève le prix de l'hectolitre du blé récolté. Le guano, malgré la somme de ses principes fertilisants, n'est aussi qu'un engrais incomplet, incapable de fournir au sol tous les éléments d'une récolte, ne pouvant restituer au sol cet humus, ce terreau dont l'action quoique mal expliquée paraît cependant nécessaire au développement des végétaux. Son emploi réitéré sur le même sol appauvrirait donc la terre de matières, que ce corps ne contient pas et ne saurait lui fournir. Telle est, du reste, l'opinion d'un grand nombre d'agronomes distingués qui sont d'accord sur ce principe que les engrais trop riches en azote surexcitent la végétation, mais laissent, en général, après chaque récolte, la terre plus appauvrie de son humus ou terreau.

Voyons maintenant les résultats que la pratique a obtenus, dans des expériences faites avec soin, de l'emploi du guano dans différentes fermes-écoles de France. Ces expériences ont été faites avec du guano pareil au titre qui avait été remis à M. le ministre du commerce et qui dosait 14 pour 100 d'azote.

FERME MODÈLE D'ILLE-ET-VILAINE.

Expérimentation de M. Bodin.

Terrains riches, sur un hectare :

Sans engrais,		2,400 kil. grains de blé.
Avec guano,	250 kil.	2,720	—
—	500 —	3,520	—
—	1,000 —	4,080	—

Cette première expérience nous démontre bien que, sous l'influence du guano, la récolte a augmenté, mais qu'en moyenne,
au prix actuel du guano (38 fr. les 100 kilos), l'augmentation de
la récolte offrirait à l'agriculture de faibles bénéfices.

FERME MODÈLE DES BOUCHES-DU-RHÔNE A LA MONTAURONNE,

Par M. de Bec.

Sur un hectare, saison sèche :

Engrais,	0		872	kil. grains	950	kil. paillle.
Fumier,	25,000	kil.	1,404	—	1,450	—
Guano,	500	—	1,222	—	4,150	—
—	600	—	1,211	—	4,500	—
—	700	—	1,158	—	4,000	—
—	800	—	1,239	—	5,300	—
—	900	—	1,288	—	6,300	—
—	2,000	—	2,000	—	5,150	—

Si nous recherchons maintenant le rapport qui existe entre
le grain et la paille, nous aurons, pour les expériences précédentes, les chiffres suivants :

1re expérience	sans	engrais,			100	k. grains	132	k. paille.
2e	—	avec	25,000	k. fumier	100	—	129	—
3e	—	id.	500	guano	100	—	340	—
4e	—	id.	600	—	100	—	371	—
5e	—	id.	700	—	100	—	345	—
6e	—	id.	800	—	100	—	399	—
7e	—	id.	900	—	100	—	489	—
8e	—	id.	2,000	—	100	—	256	—

De pareils essais pratiques faits à Grand-Jouan par M. Rieffel
ont donné des résultats à peu près équivalents.

D'où nous pouvons conclure que le guano est un engrais
pouvant rendre des services à l'agriculture, dont l'action se fait
sentir sur le rendement des pailles, et dont l'emploi peut
par cela même produire les plus heureux résultats sur les prairies artificielles. Ce fait n'a point échappé à la pratique, qui
vous dit : Le guano pousse à la paille ou au vert. Ceci est en
tout conforme avec les expériences de M. Georges Ville, qui,
en mettant des plantes au moment de leur floraison en contact avec une atmosphère contenant du carbonate d'ammoniaque, a vu la floraison avorter et de nouvelles feuilles se développer, en un mot, la partie herbacée du végétal augmenter.
Mais son prix trop élevé et les variations de composition qu'il
peut présenter s'opposent dans certaines conditions à son emploi.

Le docteur Johnston, dans le but d'empêcher le prix du
guano d'augmenter et fournir à l'agriculture un corps qui

pût le remplacer, proposa d'abord l'emploi du mélange suivant :

Os en poudre.........	595 kilos.
Sulfate d'ammoniaque..	189 —
Sel marin............	189 —
Cendres	9 —
Sulfate de soude	18 —
Formant.............	1,000 kilos

coûtant 242 fr., c'est-
à-dire 24 fr. 20 c. les 100 kilos, et, selon lui, 120 kilos de cette
composition pouvaient remplacer 100 kilos de bon guano.

D'autre part, la Société royale d'agriculture a proposé, dès
1852, un prix de 25,000 fr. au fabricant d'engrais qui livrerait
à raison de 12 fr. 50 les 100 kilos un engrais équivalent au
guano. De tous les échantillons, celui qui, sans avoir rempli
ces conditions, s'en est le moins éloigné, est l'engrais Binn's.
Il est cependant loin d'avoir résolu le problème ; car l'analyse
de ce guano a fourni les chiffres suivants :

Ammoniaque......................	3,4
Sulfate et silicate de potasse.........	3,0
Chlorure de sodium	4,2
Phosphate de chaux et traces de fer...	1,4
Carbonate de chaux...............	3,2
Sulfure de calcaire et magnésie......	30,4
Matière organique carbonée.........	8,6
Eau.............................	8,2
Silice	37,1
Perte	0,5
	1,000

Ces chiffres nous démontrent que si M. Binn's s'est le plus
rapproché de la réalité, il n'avait pas résolu la difficulté ; car
de cette composition à celle du guano la marge est large.

Depuis quelques années, en France, un certain nombre de
fabricants d'engrais cherchent à livrer à l'agriculture, sous le
nom de guanos artificiels désignés par leur nom ou celui de
leur fabrique, des produits ayant pour but de remplacer le
vrai guano du Pérou.

Tels sont les guanos Derrien ,
— — de Pen-Bron,
— — de poissons,
— — urineux.

La composition chimique des deux premiers guanos les plus
employés jusqu'à présent est celle-ci :

POUR LE GUANO DERRIEN.		POUR L'ENGRAIS DE PEN-BRON.	
Matières organiques......	37	Matières organiques...	57,50
Sels solubles...	5	Phosphate et traces	
Phosphate..............	33	d'oxide de fer.......	9,08
Carbonate de chaux......	12	Silice, alumine et oxide	
Sulfate de chaux.........	6	de fer	20,54
Sable, alumine et oxide de		Carbonate de chaux et	
fer..................	7	sels solubles........	12,88
	100		100,00

Azote 4,50 °/₀ — Azote 4,93 °/°.
Prix : 17 fr. les 100 kilos.

Les guanos artificiels ont donc des valeurs agricoles variables, mais tous établissent encore le prix de l'azote à un taux supérieur à celui où nous le trouvons dans le fumier. Le prix de revient d'une fumure, avec ces engrais équivalents pour l'azote à celle du fumier, est donc plus cher. Produire un engrais ayant la valeur agricole du guano du Pérou, dont le prix de la fumure ne soit pas plus élevé qu'avec le fumier, tout simple que cela peut paraître au premier abord, n'est pas cependant sans difficulté. Car, si nous admettons que l'azote et les phosphates soient les corps les plus indispensables à la formation d'une récolte, le problème est de fournir à l'agriculture des engrais contenant ces deux corps au même prix que dans le fumier. Bien que dans ces conditions ils ne soient encore qu'engrais incomplets, néanmoins ils rendraient à l'agriculture des services importants. Espérons que les efforts combinés de la science et de l'industrie arriveront à ce résultat; ils nous délivreront de l'emploi d'un produit exotique, dont le prix, augmentant sans cesse, devient ruineux pour l'agriculture, et ils nous permettront peut-être de réaliser ce grand problème que je vous ai posé dans nos premières leçons : Obtenir un maximum de produit pour la plus petite dépense possible.

Permettez-moi, Messieurs, en terminant le cours de cette année, d'adresser au Représentant de l'Administration supérieure, ainsi qu'à M. le Maire de notre ville, les remercîments auxquels ils ont droit, pour la protection dont ils nous ont entourés et pour la bienveillance qu'ils nous ont témoignée.

Je ne dois point oublier non plus le Conseil général, dont le vote favorable a permis de faire imprimer nos leçons.

Joignez vos remercîmens aux miens, Messieurs, et disons-nous : A l'année prochaine !

TABLE DES MATIÈRES.

ERRATUM. — Page 140, ligne 33, au lieu de « les terres calcaires », lisez : *les terrains calcaires.*